筑境

中国精致建筑100

鼓浪屿

撰文 钟文 摄影

中国建筑工业出版社

出版说明

中国是一个地大物博、历史悠久的文明古国。自历史的脚步迈入新世纪大门以来，她越来越成为世人瞩目的焦点，正不断向世人绽放她历史上曾具有的魅力和光辉异彩。当代中国的经济腾飞、古代中国的文化瑰宝，都已成了世人热衷研究和深入了解的课题。

作为国家级科技出版单位——中国建筑工业出版社60年来始终以弘扬和传承中华民族优秀的建筑文化，推动和传播中国建筑技术进步与发展，向世界介绍和展示中国从古至今的建设成就为己任，并用行动践行着"弘扬中华文化，增强中华文化国际影响力"的使命。从20世纪80年代开始，中国建筑工业出版社就非常重视与海内外同仁进行建筑文化交流与合作，并策划、组织编撰、出版了一系列反映我中华传统建筑风貌的学术画册和学术著作，并在海内外产生了重大影响。

"中国精致建筑100"是中国建筑工业出版社与台湾锦绣出版事业股份有限公司策划，由中国建筑工业出版社组织国内百余位专家学者和摄影专家不惮繁杂，对遍布全国有历史意义的、有代表性的传统建筑进行认真考察和潜心研究，并按建筑思想、建筑元素、宫殿建筑、礼制建筑、宗教建筑、古城镇、古村落、民居建筑、陵墓建筑、园林建筑、书院与会馆等建筑专题与类别，历经数年系统科学地梳理、编撰而成。本套图书按专题分册，就其历史背景、建筑风格、建筑特征、建筑文化，结合精美图照和线图撰写。全套100册、文约200万字、图照6000余幅。

这套图书内容精练、文字通俗、图文并茂、设计考究，是适合海内外读者轻松阅读、便于携带的专业与文化并蓄的普及性读物。目的是让更多的热爱中华文化的人，更全面地欣赏和认识中国传统建筑特有的丰姿、独特的设计手法、精湛的建造技艺，及其绝妙的细部处理，并为世界建筑界记录下可资回味的建筑文化遗产，为海内外读者打开一扇建筑知识和艺术的大门。

这套图书将以中、英文两种文版推出，可供广大中外古建筑之研究者、爱好者、旅游者阅读和珍藏。

目录

鼓
浪
屿

厦门，位于中国福建省南端的一处海湾地带，有金门及其他小岛庇护。海岸线优雅地浅浅地缩进。涨潮时，这海湾如湖泊；而退潮时，则像河流和小溪流经泥沙而成的平原。通常，潮涨潮落达4至5米，而春夏时节达5至6米，掀起的波涛注入水口，导航船只驶入海湾，形成了"闽南"乃至中国的主要港口之一。

远溯15世纪到17世纪时期，欧洲船只漂洋过海，寻找贸易路线并发展新生的资本主义，开启了世界地理大发现并发现了许多当时不为人知的国家与地区。利益驱动的航船，为全球之间的文化贸易交流开辟了航路，也由此产生了殖民主义与殖民地建筑。早在15世纪末，教皇亚历山大六世在位期间，曾经在1493年为世界海上强国葡萄牙、西班牙划定了殖民扩张分界线，葡萄牙获得了到非洲和亚洲贸易航线的海上控制权，而西班牙则是获得美洲乃至太平洋的海上贸易控制权。因而，非洲、印度、中国都在葡萄牙的海域航线范围之内。而整个南美洲除了已被葡萄牙占据的巴西之外，全部在西班牙的掌控下。在条约基础上，西班牙和葡萄牙几乎不受任何限制地在世界

图0-1 在日光岩上俯瞰鼓浪屿岛
远处为厦门市，其间相隔的海峡为鹭江。从这个角度拍摄的是鼓浪屿岛上较密集的建筑群，也是较早开发、定型的区域。视野中的高高的红色穹隆顶，成为鼓浪屿的标志。

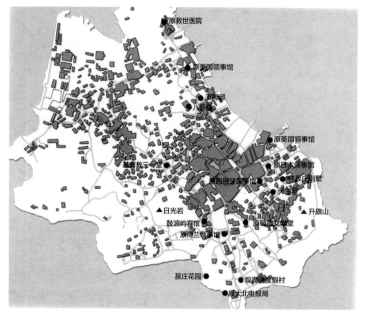

原救世医院
原美国领事馆
西药部
八卦楼
原英国领事馆
基督教三一堂
原日本领事馆
原西班牙领事馆
林叔臧别墅
天主堂
▲日光岩
升旗山
鼓浪屿宾馆
原绵德女堂
原荷兰领事馆
菽庄花园
观海度假村
厦大北电报局

图0-2 鼓浪屿全图/上图
图中表现鼓浪屿的建筑分布
状况。

图0-3 蓝天、白云、碧海，
烘托着美丽的小岛/下图
在浓荫绿树中，红色的建筑
点缀格外耀眼。

上航行、征服以及贸易。同时，他们也肩负着教廷的重任，一边从事贸易和掠夺，一边传播天主教和基督教。他们获得了教皇特准，所到之地兴建教堂、修道院，由此可以完成传教使命。1557年，葡萄牙终于继亚洲殖民地果阿与马六甲之后，占据了澳门；而1565年，西班牙违反条约征服了菲律宾，将西班牙的海上霸权覆盖整个太平洋。

从16世纪至18世纪，意大利、西班牙、葡萄牙传教士们在中国完成了重要的早期教皇赋予的传教使命。17世纪末，法国的传教士也加入其中，并随着时间的推移，增加了基督教会在朝廷中的重要性。1688年，法国耶稣会在北京成立，其使命不仅仅是传播天主教信仰，而且希望建立与中国的外交和商贸关系。法国耶稣会传教士巴多明（Dominique Parrenin，1665—1741年）1723年在北京的一封信中这样写道："中国的皇帝深爱科学，对外国知识极具亲和力，这在欧洲已家喻户晓。"由此，欧洲人送来了数学师、天文师、艺术师。为宫廷传授知识的同时，将由宫廷决定，哪些传教士留在宫中，哪些可以到各地完成传教使命，使他们顺利地贯彻了宗教使命到中国精英文化的各个阶层。18世纪，荷兰及英国和法国的船舰，打破了东方航线葡萄牙独揽的局面，在远东贸易的同时，进一步传播宗教使命。

图0-4 鼓浪屿和厦门的景观/上图

图0-5 鼓浪屿和厦门的鹭江/中图

图0-6 清代的鼓浪屿景观/下图
（以上三图均来源于明信片）

更早些时候的威尼斯商人马可·波罗（Marco Polo，约1254—1324年）与西方旅行者及传教士所讲述的故事中，亚洲各地模糊地云集在欧洲人的想象中，构成了庞大的边界模糊的神话般的东方。那种缺少自然边界的印象，诱发了神秘而奇妙、珍稀而精彩的愿景，尤其是东方的香料和药用植物，更刺激着西方人的胃口和对于长寿的渴望。同样，第一位唤起对中国的如画般花园兴致的人也是马可·波罗。他描述元上都皇帝的花园中，有喷泉、河流、小溪以及美丽的草地上自由奔跑的动物；元大都同样被描述成有着美丽的花园树木以及各种花果树木。自由自在游弋的动物中有鹿，有羚羊及欢蹦乱跳的松鼠，有自由自在地游动在池塘中的鱼；到处人潮如织，来往络绎不绝。

同样，在早年的外国旅行者眼中，厦门因天然的海港自然风光而著名。外国商船都曾经来此天然良港进行贸易，福建商人也由厦门港远渡重洋至东亚及东南亚各国进行贸易，有些甚至移民海外成为华侨，或者移居台湾而与祖地远隔海峡彼此相望。由此，厦门又是华侨与港、澳、台湾同胞的祖籍地和故乡。

在福建沿海贸易路线上，厦门贸易货源主要来自泉州、同安、浦南、漳州及白水营。除了这固定的五条内陆线路，还与东南沿海的其他口岸城市如广州、福州、上海、宁波等交互贸易，与台湾往来频繁，直至19世纪末，在国际贸易网络中，厦门与中国东南沿海各口岸城市齐名。

在1880年的海关贸易报告中（Trade Reports，1880年），厦门1879年的茶叶出口贸易量排名第七位，而其中三分之一远销至欧洲与美洲市场。闽南功夫茶（Congou）、乌龙茶（Oolong）远销英格兰，经过旧金山远销纽约。厦门茶叶的出口，是"Tea"这个词汇由闽南方言转化成为英语词汇的原型依据，也成为国际文本中的重要篇幅。而海关报告中所提的"海关银两"，常以西班牙货币为计，当时作为货币流通的银子，是西班牙海上殖民由南美洲墨西哥太平洋沿岸港口城市阿卡普尔科（Acapulco），经过太平洋而达当时西班牙殖民地菲律宾，并因太平洋贸易通过中国南海流向厦门及东南沿海贸易口岸其他城市。

根据1880年的海关报告，直至1879年，厦门的本地居民大约88000人，而外籍人士大约292人，时有外国洋行24间，其中17家从事一般性的商业贸易，4家为代理银行。当时本地批发商行有183间，6家本地银行，此外还有无数商铺、货币兑换店，以及像很多大城市那样的商贸点。

一、纵横巷陌 世外桃源

在东经118°、北纬24°的厦门西南方碧波荡漾的海面上，漂浮着一个美丽的小岛，便是鼓浪屿。这是一个1.78平方公里的椭圆形岛屿，常住人口约2万，东西1800米，南北1000米。传说中的某个时候，一只白鹭飞掠海面，她栖息的地方，诞生了大大小小的岛屿。鼓浪屿及厦门附近诸岛屿都是她的儿女。鼓浪屿与厦门之间相隔700米的海峡，也因之得名鹭江。

鼓浪屿岛上丘陵遍布，逶迤起伏，最高峰龙头山与厦门的虎头山隔海相望。虎踞龙蟠，把守着厦门的进出港口。攀上龙头山顶峰的那块巨大岩石，你将会第一个沐浴在霞光里。人们因此将"日光岩"这个美丽的名字赋予它。

鼓浪屿素有"海上花园"之称。岛上生长着亚热带的奇花异果、珍稀林木；岛上鸟语花香、风光旖旎。明末郑成功曾屯兵于此，操练水师，保卫国土。鸦片战争后，这美丽的岛屿沦为"万国殖民地"。抗日战争中，又惨遭日寇的铁蹄。1949年后，鼓浪屿才又回复宁静。

图1-1 鼓浪屿的早期景观（图片来源：明信片）

图1-2 鼓浪屿上的原始民间庙宇（图片来源：明信片）

直至今日，有"万国建筑博览会"、"钢琴之岛"之美称。

天风海涛，轻拍着礁石，奏出自然的美妙交响；银白色无垠的沙滩与万顷碧波交相辉映，绘出绝好的天然图画。大自然，将这个清幽的小岛装点得分外妖娆。

无论是白天还是夜晚，伴随着悠扬的钢琴声而漫步鼓浪屿，你都会有一种安全感，一种远离喧嚣、远离尘世，仿佛置身世外桃源的悠闲和轻松。历史留存至今那蜿蜒的道路与幽深的小径，曾几何时，绝无车马喧闹。直至目前，鼓浪屿与厦门唯一交通联系，还是定时往返的轮渡。岛上无机动车辆，近年因方便游客观览而增添了环岛电动车。正是这份自得，使鼓浪屿具有区别于其他地方的特色。整个岛屿气氛幽静闲适。

鼓浪屿岛在宋代本是一个沙洲，或称"圆洲仔"。明朝始称"鼓浪屿"并加以开发。渔人、农人行走出来的田间小路，自然地反映着岛上地势的高低起伏、丘陵的地貌特征。由于鼓浪屿环境较适宜生活、居住，陆陆续续出现了高低错落、依山而筑的渔村农舍。1573年，日光岩上首现石刻"鼓浪洞天"。因岛的西南端一个海蚀溶洞礁石而得名，每当海涛冲击，发声如擂鼓，礁石因名"鼓浪石"。1586年，日光岩上建了莲花庵。郑成功1650年在日光岩安营屯兵，操练水师，抗拒清兵。如今，日光岩上尚存有当时建造的水操台、石寨门、拂净泉等故址。

从20世纪初留存的旧照片来看，这些住宅之间隐约可见的道路是随坡就势、高低不平的土路。在住宅通往渡口及公共地带，人工铺筑的石板路依稀可见。由于鼓浪屿的道路常常是在住宅建成后留出的空地上自然形成的，它就像是一种生物，慢慢地分泌着自身的结构，

图1-3 道路形式/对面页
这是岛内最常见的道路形式，蜿蜒、曲折、高低起伏。建筑完成之后的空地上自然形成了路，因而道路非常不规则，宽窄不一。这是先有宅，后有路的结果。

将这个生物隔离，便从形式上根据自身生长规律，长成了自己的形状，就如环绕它的鹭江与海湾的水一般，柔软、蜿蜒、随性，充分显出未经规划的有机秩序。而当你行走其间，仔细体验与观看，其微妙的细节、它微妙的结构，它的某种对称性，仿如生物与其形体之间必然发生的环节。这种道路网络自内而外生成的机理，颇似树叶表面所呈现的脉络。岛上的社区已经形成了它的外壳。无论是建设、改造，还是再建设、再改造，一切都是根据其内在的生命需要。

外国殖民者在《南京条约》后，经过近半个多世纪的居住并占据岛屿，在20世纪初，联合组织了"道路墓地基金委员会"，环绕自然业已形成的、遍布岛屿的住宅，修建了道路，并沿着道路两边栽种了各种树木。但这些道路依然是没有经过规划布局的、支离破碎的道路片断。在随后的20年代，一些游历海外的归国华侨与百姓投入了大量的人力、物力、财力和

图1-4 轮渡
乘船过鹭江，是唯一进入鼓浪屿的途径。轮船的慢慢驶近，使人尽情浏览鼓浪屿秀色。鼓浪屿超然的姿态令人联想到人间仙境。

图1-5 历史上的厦门鼓浪屿

（图片来源：The Getty Research Institute提供）

聪明才智于鼓浪屿的筑路活动中。这时候的道路建设更注重寻求新秩序，同时侧重于提高道路的质量。为了能够连贯整个岛屿，先后出现了开山、填海、征服自然的举动。但鼓浪屿丘陵起伏、岩石丛生、复杂的自然地形条件，限制了更为"城市化"的筑路方式和可能性，但却形成了今日这种纵横交错的自然道路格局。

自然环境对岛上建筑群落组团布局有很大的影响。沿海一带，多是较松散的布局，多为当时的外国殖民者占据，此外，华侨及富人也占据山坡，修建公馆、别墅。百姓的聚集区多为不靠海的"内陆区"，建筑拥挤，建筑密度高，居住条件相对较差。鼓浪屿与厦门的联系，主要靠摆渡鹭江的航船，因此，船只，是鼓浪屿进出往返的唯一交通工具。直至目前，鼓浪屿依然是一个以步代车，兼具居住生活、商业街市及文化娱乐的区域，是一个自给自足的，超然物外的桃花源。

这种有机组织的隐喻形式——纯粹的街道与建筑物的成块集结这看似简单的形式，为小城区规划，提供了一个颇为有机的，以自由生长、舒适方便为理由的规划版本。

二、西风东渐下的
殖民地建筑风格

鼓浪屿在历史上曾因万国建筑博览地（international settlement）而蜚声中外。宋元时代，泉州作为东方大港，在海上丝路贸易与文化中起到关键作用。明代初始，朱元璋实行闭关自守的"海禁"政策，就是禁止私人船只出海进行民间的海外贸易，即使由官方许可派船进行官方海外贸易也受到严格限制。"海禁"影响了私人船只以及官方船只出海贸易，外国商船也禁止来华。中外物品交换被严格限制在规模甚小的朝贡贸易范围内。明永乐年间，因为郑和下西洋而海禁政策有所松动，鼓浪屿与外界的海上交易也在悄悄地渐有发展。正德年间开始抽分制，明廷在海外贸易中有了税收，从而改变了海禁局面，西方殖民者陆续东来，私人海外贸易得到较快发展。以葡萄牙为主的西方商人与中国商人曾有过悄悄的海上贸易，鼓浪屿及厦门周围诸岛，都曾是这些交易的海上地点。

图2-1 在鼓浪屿的德国领事馆（图片来源：明信片）

世界地理大发现，始于葡萄牙人与西班牙人15世纪（对应于明朝）的大航海探索。当时，他们的船只航行于地球各处的海洋，探索生存之路，寻找贸易路线与伙伴，并由此开启了欧洲资本时代与西方向东方的殖民。殖民主义与自由贸易主义由此形成。直到16世纪末，由于文艺复兴所倡导的人文主义，在欧洲占据了主导地位，并伴随着东西方之间的文化与贸易交流，欧洲文化开始了全球性的扩张，这同时极大地推动了东方现代文明的进程。

驶向东方的船只，依赖海洋季风。从海洋吹向陆地的季风，将这些船只带入一个又一个的港湾。葡萄牙继16世纪占领了印度的果阿与马来半岛的马六甲，并顺着马六甲海峡驶向南海，占据了澳门。

图2-2 早期"殖民地风格"的住宅
这是用闽南最为上等的石材建造的，造型及细部都有着浓郁的西方情调。

位于中国东南沿海的福建省，当时漳州的月港是明廷开放的福建唯一港口，通东西洋，东至西班牙占领的菲律宾主导的东洋，西至葡萄牙占领的马六甲海峡主导的西洋。在泛海浮生中，崛起了著名的郑芝龙及儿子即后来的英雄郑成功。

郑芝龙年轻时离开家乡南安赴澳门随海贸易，取日本女子并生子郑成功。史籍称："当是时，海舶不得郑氏令旗不能往来。每一舶例入三千金，岁入千万计，芝龙以此富堪敌国。"1622年，被称为"红夷"的葡萄牙人进犯厦门，被成功阻止；1623年秋季，又进犯厦门，又被击退。1630年，这些葡萄牙人以更

筑境 中国精致建筑100

图2-3 外国海关职员住宅横长的平面，外有拱廊，用当地生产的砖砌筑而成。柱子平面为八角形。

大规模的船队进犯厦门，遭到郑成功的强烈反击，并烧毁了所有船只。直到1647年，郑成功终于在鼓浪屿上设置了军事堡垒。现在屹立在鼓浪屿东端的郑成功雕像，仿佛还在检阅他庞大的海上船队。

　　紧随葡萄牙与西班牙的另外两股海洋力量是荷兰与英国。荷兰人首先占领印度尼西亚的爪哇岛，之后在1604年占领澎湖，1624年占据台湾，并时常袭击月港至菲律宾的航线。在17世纪的中叶，南海上葡萄牙人、西班牙人、荷兰人和郑成功四股海上力量，此消彼长，一争雌雄。1661年，郑成功率领水师横渡海峡，驱逐了荷兰人，收复了台湾，中国与西方海上力量首次大规模对决，锐不可当的西方新兴殖民势力在东方遭遇到首次强有力的回应。

图2-4 美国领事馆外观

1864年美国在鼓浪屿设馆，此建筑是1930年在原址进行翻建的。经历次装修，外观有所变化。现为宾馆。

1843年后，厦门根据《南京条约》开辟为通商口岸。鸦片战争时期，英军曾占领鼓浪屿，《南京条约》后的五口通商，使海上交易变为公开合法了。从19世纪中叶开始，各国来厦门贸易日趋频繁，而鼓浪屿成为西方列强的首选居住地。日本在1894年甲午海战后占领台湾，为避免日本进一步觊觎厦门，清政府决定请欧洲列强"兼护厦门"。1902年，英、美、德、法、西班牙、丹麦、荷兰、瑞典-挪威联盟、日本等国驻厦门领事与清福建省兴泉永道台延年在鼓浪屿日本领事馆签订《厦门鼓浪屿公共地界章程》，由此鼓浪屿成为公共租界；次年1月，鼓浪屿公共租界工部局成立。在此前后，陆续有英、美、法、德、日等13个国家先后在岛上设立领事馆。

鼓浪屿 | 西风东渐下的殖民地建筑风格

筑境 中国精致建筑100

图2-5 英国领事馆遗迹/上图
1869年设馆。此建筑完成于1876年，用红砖、条石装饰窗楣、门楣。地上为二层，地下为一层。几年前的一场大火，焚毁了这座建筑，仅存部分遗迹。

图2-6 荷兰领事馆局部/下图
此建筑同时作为荷兰安达银行办公用房。这是早期"领事馆兼商馆"的实例。此建筑为砖石结构，建筑外观及细部都具有西式风格特征。

与中国一些其他城市、地区一样，鼓浪屿上存在着大量的"殖民地风格"的建筑，首先是出现了大量洋行，最大的有五家，分别是英国商人和德国商人开设的。这些洋行的经理同时兼任各国驻厦门的商业领事。因此，最初的洋行即是商馆兼领事馆。最初包括英国、美国、西班牙、法国、德国，后来西班牙与德国两馆撤销，由日本、荷兰两馆补上。此后，这一做法亦被丹麦、葡萄牙、奥地利、瑞典、挪威等国仿效。这些领事馆除在贸易上占较大比重外，同时也是保护他们侨民的政治机构。至1903年，鼓浪屿成为"万国租界"。这些建于19世纪末至20世纪初的建筑，其产生，有着深刻的社会历史原因。

这些领事馆建筑，一方面反映了各国当时的建筑潮流和风格，同时，也为适应闽南的文化而进行了适当的调整，因而出现了折中主义风格的建筑外观。这里所说的折中主义有两个层面上的含义。19世纪的英国、美国等西方国家，以模仿古希腊、古罗马及东方情调或文艺复兴风格与巴洛克风格为主要建筑设计思潮的集仿主义或称折中主义是主流，当这些建筑风格输入鼓浪屿后，为适应鼓浪屿的气候及地形状况以及习俗与生活方式，很多建筑采用了中国式的装饰细部，形成了中西折中的建筑外观。从这些建筑外观来判别，我们姑且将之称为"殖民地风格"。

在现存的英国领事馆、美国领事馆、日本

图2-7 鼓浪屿天主教堂
由西班牙人设计。与西方的教堂相比，体量小，造型相对净化。每逢星期日，这里都吸引着众多的天主教徒。

a

图2-8a 鼓浪屿圣三一堂鸟瞰
/前页

平面为正十字形，四个立面几乎一样。屋脊正交处设计有内部为钢骨架的穹隆顶，出自中国设计人之手，在当时的鼓浪屿，其结构技术是十分先进的。

图2-8b 基督教圣三一堂外观

完工于20世纪初。立面为古典形式，山花及檐口均采用西式做法，所用的建筑材料为闽南盛产的红砖。

领事馆等几座早期殖民地风格建筑中，我们可以看到，这些建筑物临海布局，造型简朴，体量不大，由于是闽南工匠用本地的砖、石、木材建造的，虽然是西方的样式，却有明显的地方做法。当然，不同国家的建筑也有不同的风格表征。

西方的传教士们给鼓浪屿带来了很大的影响。他们带来了教堂、医院和学校。最早建于鼓浪屿的教堂是协和礼拜堂，建于1863年，这是早期基督教堂的典型。巴西利卡（Basilica）式的平面布局，纵长的内部空间由两排柱廊划分为三个纵向空间，中间宽，两侧窄，祭坛在东方，正门朝西。另一座天主堂，则是西班牙人在鼓浪屿兴建的。从外观看，是哥特式教堂的形式，正立面一对高高的钟楼，中间夹着玫瑰花窗，内部采用拱券和束柱的做法。唯一不同的是，由于地处鼓浪屿特定的地理环境，决定了此教堂采用按比例缩小体量而区别于西方

b

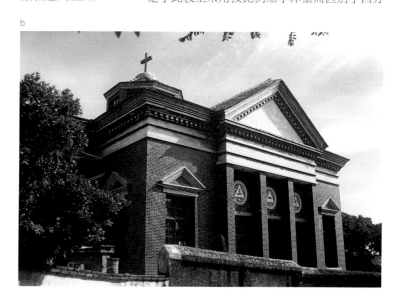

高大的教堂。在不远处，是一座新教堂——基督教圣三一堂，建于20世纪初，平面为正十字形，四个立面基本一致，严格按照古典的建筑模式。教堂的屋顶采用当时十分先进的钢骨穹隆顶，它出自中国的土木工程师之手。此外，还有分散在鼓浪屿各处的教堂，为适应当地文化而采用中式外观及细部装饰。直至今天，每逢星期日，各教堂都有祈祷仪式。鼓浪屿的教徒，始终是全国各地教徒人数比例之最高者。

传教士们还兴建了教会学校，有小学、中学，也有专设的男女分校。这些教会学校的建筑大多采用不同于其他建筑的材料，以区别于别种类型的建筑，多为粗质暗红色毛面砖，造型古朴、厚重，外观不做刻意的细部处理，体现着庄重和威严。教会医院建筑，同样以统一的风格和朴素的材料而区别于其他类型的建筑。

图2-9 早期传教士兴建的教会学校

那时的教会学校建筑，普遍采用粗质暗红色毛面砖，区别于鼓浪屿其他类型的建筑用材。造型古朴大方，并运用了中国建筑的屋檐符号。

此外，早期殖民者还建造了大量的离宫别馆、私家别墅以及娱乐场所，专供他们居住生活及社交活动。这些早期的殖民者们代表各自所在国的利益，兴建的建筑代表各自的风格。同时，为适应鼓浪屿的自然气候而设计建造的各类型建筑，风格多样，语汇丰富，使鼓浪屿较早打破了闽南地方传统建筑风格而容纳接受新的类型和新的风格——殖民地风格的建筑。

海洋大探索伊始，殖民地风格的建筑应该说就已经开始出现了。所谓殖民建筑，狭义上说，是一种从殖民者的祖国，传到遥远的新居住地并且被纳入当地建筑与居住地风格的一种建筑风格；广义上看，它是在新世界的一种新设计风格。殖民者们将自己国家原有的建筑风格，与所殖民的新地方的建筑形式融合成为"混血儿"般的建筑。其外观美丽，在文化与气候上进行了适应性的改变调整。随着15世纪葡萄牙海上探险家瓦斯科·达伽玛（Vasco da Gama）从欧洲始发，绕过非洲好望角到达印度，外廊建筑在整个印度非常流行。直到19世纪，这种原型被英国殖民者在东南亚国家，以及沿中国东南沿海的许多半殖民城市应用。外廊式建筑因其建筑形式所带来的半开敞式的新生活方式，而在中国的华南与东南沿海，尤其是华侨祖居之地的侨乡十分常见，成为独树一帜的类型。

从气候因素探讨外廊式建筑的功能，外廊是半室外吃饭休息、喝茶聊天、看书下棋的生活空间，以适应于亚热带潮湿气候下的生活。

a

b

英国殖民过程中，将此建筑形式与环境关系系统化，而装饰的外廊令人感觉十分舒适。宽敞的外廊，用来调节不适宜生活的气候影响，使内部空间免于烈日和暴雨。二层外廊，则提供一个得到保护并与外部共生的生活空间，其重要性，明显在于建筑适应风向的配件之存在，例如护壁板、栏杆，内部空间的配置用于各式各样门窗开向外廊，调节水平通风与空气流动。许多适应气候与季节变换的房屋特征，例如悬挂的帘子和百叶，在炎热的夏季，当外廊变为室外居住空间时，可放下来遮挡外界干扰，隐居独处并防止昆虫叮咬。在外廊中，运用百叶窗帘，作为最原始的调节进入建筑内温度与内部小气候的权宜之计，因而会有适应当

图2-10a 早期"殖民地风格"的别墅之一／左图
这是用闽南最为上等的石材建造的，造型及细部都有着浓郁的西方情调的殖民地风格建筑。

图2-10b 早期"殖民地风格"的别墅之二／右图
早期殖民者们兴建代表各自风格的建筑，为适应鼓浪屿的人文气候以求发展，遂设计建造各类型建筑，使鼓浪屿较早打破闽南地方传统建筑风格而产生新的类型和新的风格——殖民地风格。

地因素而呈现的不同形式，在建筑技术方面均有适应性改变。

从文化因素探讨外廊式建筑的存在，与本地民间共生与适应，并随着使用人或建造者生活习性、习惯、约定俗成及经验与记忆，而在异国他乡进行再创造与再建造。殖民地各处都有外廊式建筑，表现出一种建筑文化的传播，但只在空间的尺度上有别，是社会的政治经济与生活环境方面的因素使然。在每一处的地域环境条件决定下，各自采用适应性原则，不仅仅是历史源流或传播关系，还有共生的因素在起作用，故而绝大多数的外廊式建筑并非千篇一律的造型形式与风格，但属于同一种建筑类型。

从生态适应性与文化适应性双重视野来看，遍布鼓浪屿的典型开敞外廊式建筑或封闭围合的内廊式建筑，表现出了在强烈的地方文化环境与自然生态环境下，建筑形式的适应性特点，以及使用者的生存智慧。

图2-11 观彩楼侧立面图

三、中西合璧的建筑

一旦你踏足鼓浪屿，便会感觉到它创造出的一种特殊的氛围。这种氛围是由于我们通过视觉、听觉、触觉、味觉、嗅觉以及心理感觉而体验到的，并通过许多象征符号系统通力合作传达出来的。概括起来，有四种类型的象征符号承载系统：物体的，语言的，标志的，以及行为的。物体的象征，与我们所见的建筑关系最为直接。建筑能反映出地形的起伏变化以及生态属性，前者通常以形体或层级的变化而进行划分；而生态属性可以看成是与自然之间的姻缘。关于自然如何进入建筑内部这样的问题，外廊式建筑体系提供了某种启迪，这种建筑形式，是嫁接建筑内外空间的红娘。

外国殖民者建造了大量以享受自然为主的外廊式建筑。这种类型，改变了以往自然进入建筑内部的方式，令人们贴近自然并易于获得第一手关于自然的体验与认识。营造了可以预料四季气候变化并适应季节气温变化的建筑，发展出了可以经营建筑内在功能与气候敏感性的建筑体系，弹性灵活地调节外部气候环境对建筑内部环境的影响。在外廊式建筑中，建筑本身就是一个循环与舒适的系统。这些建筑的设计和建造，依赖于某些自然材料。建筑的总体形式，因借自然地形地势、气候风水。建筑的内部空间，具有水平与垂直联系。许多建筑特征，既是民间匠艺与美学的表达，同时也是一种调节室内舒适度的功能构件与元素，例如，构成建筑典型特征的门、窗、廊，自然材料建成的屋顶、屋身与屋基；例如，构成建筑细部特征的百叶、遮阳等，这些元素，既将外

图3-1a 黄奕住别墅（今鼓浪屿
宾馆）/上图

这是鼓浪屿最具规模的别墅。由
一座主楼和两座辅楼及宽敞的前
后院组成。照片中为主楼，环境
幽静、室内豪华，成为有家居气
氛的"鼓浪屿宾馆"。

图3-1b 黄奕住别墅立面图/下图

此别墅为早期吸收南洋建筑风格
的住宅形式。从立面来看，外廊
的设置，是为适应环境、气候而
做的努力。

a

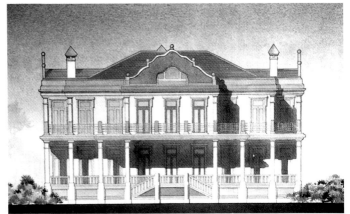

b

部自然引入建筑内部，同时也起到调节外部对内部气候影响的作
用，将适宜的外部因素变为现实。例如，吹拂的微风，用于空气流
通循环与建筑内的舒适性。

　　然而，这些建筑的出现，多是为其自身服务的建筑，外国殖民
者的城市叙事体系与话语象征符号，依然是以他们个人或外国殖民
组群的利益和喜好为目标。他们从没有为鼓浪屿公共性的环境、交
通、房屋等做具体的规划与建设。20世纪初的鼓浪屿依然是建筑零
乱、道路不畅、基础设施欠缺的小岛。

⊕筑境 中国精致建筑100

从清末到20世纪20年代，很多东南亚的华侨回到故居地厦门重建家园。在清光绪年间，厦门华侨通过捐钱买官而获得了较高的地位。黄志信（1835—1901年）在清光绪七年（1881年）的时候，因在印度尼西亚的三宝垄的制糖业绩，捐官为"中宪大夫"。1890年，他将在三宝垄"建源公司"的业务转给他的儿子黄仲涵（1866—1924年），回到厦门并定居鼓浪屿。还有很多华侨从清政府捐买官衔，如邱正忠和他的儿子邱菽园买了许多官衔，如"花翎盐运使"、"光禄大夫"、"道台"等等。华侨因为推翻清朝统治所贡献的力量而被孙中山誉为"革命之母"。1921年，孙中山在他的有关中国发展一书中写下了他关于现代中国的若干主张。在他对于中国之理想感染下，海外侨胞们踊跃回国投资。先后有大批著名的华侨实业家投资鼓浪屿，兴建了工厂、自来水公司、电灯公司，铺设了海底电缆，兴建了码头，铺筑了公共道路，开发了商业街道并大量投资了房地产业。著名华侨实业家黄奕住，以家族公司"黄聚德堂"的

图3-2a 海天堂构"中国式"大宅的外观

全部采用砖石结构来模仿中国传统的木结构形式。两侧的配楼为西式做法。整组住宅群有五座单体，以门楼及"中国式"大宅组成中轴线呈对称式布局。

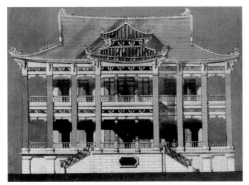

图3-2b 海天堂构正立面图

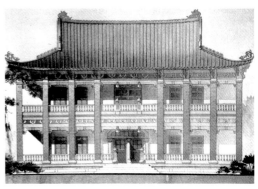

图3-2c 海天堂构背立面图

图3-2d "中国式"大宅的院门

它与主体建筑形成一条中轴线，是按照中国传统的风水定位。
用砖石结构来模仿木结构的形式，是出自乡土匠人之手。

图3-2e "中国式"大宅的平面图

从方正的平面及一周外廊的布局来看，与传统
中国式住宅的平面布局有差异，显然这是中西
结合型的住宅。

图3-2f "中国式"大宅的门楼细部

以石材模仿木构件，做成斗栱、雀替等形式。

形式，在鼓浪屿及厦门开发投资金额达200多万银圆，拥有大小屋宇160幢，建筑面积4.1万平方米，并独资开辟了鼓浪屿的街道。至今这条街道依然是繁华的商业街。

这些归侨大多是祖籍闽南一带外出谋生的，足迹遍及东南亚各国，远至南、北美及太平洋诸岛。他们吃苦耐劳，终于拼得了自己的产业。最初回来的是一些在南洋经商的华人，其中著名者如黄文华、黄秀烺、黄仲训、黄奕住、李清泉、黄念忆、杨忠信、杨忠权等。他们致富后一心要回故土光宗耀祖，报效亲人。鼓浪屿是这些华侨居住密集区，岛上的建筑，70%以上是他们兴建的。他们首先是兴建住

图3-3a 林家公馆外观远视
从这座华侨住宅不难发现，整个建筑的封闭造型，有模仿欧洲中世纪的城堡风格，反映了华侨求新、求异的心态。

a

b

图3-3b 林家公馆外观
建筑醒目，主要运用色彩强调了其立面券柱及檐口的处理手法。

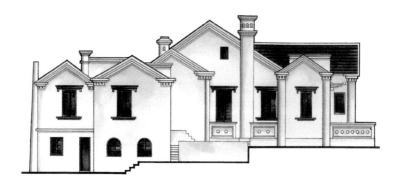

图3-4 殷承宗别墅立面图
这座别墅的设计，出自留美归国的建筑师之手。从其比例、尺度的把握上，以及构图的韵律上，可以看出其成熟的处理手法。

宅以供家庭生活之用。这些住宅也用作家庭机构或投资公司。此外，还兴建了很多为百姓造福的公共事业类建筑。很多华侨选择吉址，或推倒自家原来的祖屋或原来外国人的旧宅，建造了一幢幢华丽的住宅。这些建筑更大程度上是对他们在南洋所见、所感的建筑的追忆与回味。很多建筑是三层楼或四层楼，有些是西式的，有的甚至像座宫殿。大量的建筑则是掺有中西构件的折中做法。建筑物前常配有庭园小品、门楼、院墙，很多建筑完全是西式的外观，却加一个中国式的大屋顶。可以看出这些华侨对于中西两种文化兼容的态度以及追求尽善尽美的理想主义倾向。这种亦中亦西的建筑风格，确定了鼓浪屿建筑的发展基调，也是之所以形成如今鼓浪屿建筑总体格调与环境氛围的原因。

全岛当时最豪华的别墅，就是华侨实业家黄奕住别墅，即现今的鼓浪屿宾馆。黄奕住在20岁时离开闽南故土去爪哇谋生，由于聪明勤奋，成为爪哇的四大糖商之一。1918

图3-5a 观海别墅立面图

图3-5b 观海别墅外廊侧立面图

立面采用券柱廊形式，使建筑开敞、轻盈。

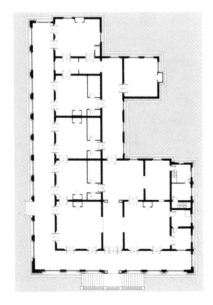

图3-5c 观海别墅平面图

年，他回到鼓浪屿，买下了"洋人球埔"以南的英商产业，建造了这座别墅，别墅分为南、北、中三馆，前面有宽大的场地。整组建筑建于2米高的台基之上。三个建筑物均为二层建筑，以中楼为中心对称式布局，楼前有宽大的庭园，植物呈几何形修剪过的造型，亦有喷泉、雕刻及小品点缀园中，完全是西式做法。这处黄家别墅占地大，耗资巨，豪华无比，在当时压过了任何一座洋人别墅。普遍认为这是华侨要与洋人一比高低的普遍心态的反映。一些华侨是单独兴建住宅，另一些则是合伙兴建别墅。黄秀烺与黄念忆所共同兴建的"海天堂构"就是一组由五座楼组成的一个大宅院，院门是地地道道的中国式做法，院内的四座配楼为西式做法，而中间的主楼完全采用中国传统式庑殿顶，中间一座外廊式建筑结合中国式屋顶的大型别墅曾经被用作黄氏祠堂。在建筑材料方面，以砖石材料为结构来仿造中国传统式的梁架、斗栱。这也许同样出于与洋人抗衡的心理。同样，许多西式的建筑上压上一个地地道道的中国式大屋顶。美国人毕菲力（P. W. Pitcher）在他的《厦门方志》（In and about Amoy）一书中，形容这是华侨"由于在海外饱受奴役之苦，因而在建造房屋时产生了一种极为奇怪的念头，将中国式屋顶盖在西洋式建筑上，以此来抒发他们长久受到压抑的心情，为华人扬眉吐气"。

另外，很多华侨为了别出心裁,在外观上刻意标新立异，有的模仿西欧中世纪城堡风格，有的以拜占庭式或其他形式的穹隆造型装饰屋

图3-6 黄赐敏别墅（金瓜楼）立面图

顶，有些门廊以高大的古罗马柱式或巨柱式、双柱式的处理来夸张立面，由此不难看出他们炫耀财富、炫耀见识的心理。

在20世纪的二三十年代，厦门一带还没有专业建筑师队伍，这些华侨的房子，大多是请国外的建筑师或土木工程师设计，有些则是直接从书本上套用现成的图样而由工匠们稍加改造。另有一种则是由学成归国的建筑师设计，但这后一种情况是屈指可数的。据史料，目前只知道留学美国费城的建筑师林全成，他在鼓浪屿多处留下了手笔。他所设计的几所别墅，如殷承宗别墅，有别于其他华侨所盖的别墅。这幢房屋体量不大，朴素无华，外形自由舒展，立面富有节奏和韵律，完全依照地形地貌条件和功能而设计，似乎是随意地生长在那里，不哗众取宠，不与别人一比高低，完全依据自身的条件存在着，自有一番高雅的品位和神韵。

值得一提的是，后来陆续兴建起来的一些公馆和别墅，也是华侨姻亲、宗族关系的直接体现。它们在外观上有统一标志、统一材料和颜色，甚至有时是完全相同的造型。

华侨的建筑，由于他们的特殊地位，以及中外兼有的生活经历和文化修养，决定了他们营造的建筑必然会体现出中西合璧的风格特征。而鼓浪屿独特的自然条件、地理环境和文化背景，使得这些华侨建筑形成了"鼓浪屿式"的中西合璧风格，并且区别于其他任何城市和地区。

华侨的建筑活动与华侨建筑的出现，既反映了当时他们所代表的物质与精神文明，也有使他们与故乡从地方层面通过国际网络加入国家与民族网络之中的重要仪式与行为象征意义。建筑所展示的形象，有潜意识的认同感与情感寄托之象征，也的确引领了现代生活与现代性的潮流。

昔日的建筑姿态与叙事话语，如今成为重要的展示资源，抚今追昔，创造性地更新与利用，已经成为当代与后人的任务。华侨建筑在象征性的发展中，已经由凝固的音乐转变为流动的音符。

四、两座华侨别墅的故事

在象形文字中，"家"字的含义是在一个屋檐下所包含的猪等家禽活物。英文的"family"来源于拉丁语中的"familia"，由"famulus"引申出来，包含屋檐下的仆人、随从。可这些字源学的解释，都无法真正描述我们对"家"的理解。更多人并非将同一屋檐下所有个体或财产，视为一家。多数人倾向于以基因血缘关系定义"家"，并衍生出以血缘氏族和宗族为特征的"家"的含义。这种传统观念，也许可以解释那一代代移民，在高祖辈、祖辈、父辈、叔辈等的牵引下，远渡重洋，或移民异国他乡，团聚为一个新的家庭。在父权社会里，往往是父亲的一方，主导着迁徙流动的过程与路径。社会人类学，将此类现象作为研究的主要领域，并发现血缘宗族构成了最基本的社会结构，家庭是社会最基本单元，并由此形成了家的结构、住宅、财产的传送、组织的知识、婚姻联盟的形式，等等。通过异国社会迂回的家庭结构，并不意味着家族

图4-1 李清泉别墅（又名"容谷别墅"）
别墅坐落于鼓浪屿的龙头山下，掩映在葱郁的南洋杉树丛中。

依然保持原来的纯度，也不意味着因为环境影响下的家族进化，能同时发生在不同环境中的家庭成员身上。除了基因作用，后天环境对于人的进化与命运影响巨大。

人类学基本解释：在成为"自我"之前，首先是某人的儿子或女儿。出生于某一个家庭，并因姓氏认同于家庭成员，由此产生的是"我们"和"他们"。但这个"他们"，依然可能是生活在另一地的家庭成员，他们也会不断地从"自我"演化出血缘关系。可以说，属于同一个祖先，基于共同的祖辈而彼此认同为"后裔"。保留了血缘谱系及宗族谱系的家庭如生命的细胞组织一样，是一个自然发生的过程，同时也是一个人为的社会发生的过程。这也许解释了华侨家谱中的网络身份，以及他们的生活习性与由此而来的居住建筑，为何会与原型不同。

厦门鼓浪屿最多的华侨是菲律宾华侨。其中，著名的李清泉先生（1888—1942年）被认为是菲律宾华侨史上最伟大的领导人。李清泉1888年生于福建省晋江的金井镇石圳村。村里的百姓借助于东临台湾海峡的便利条件，出海寻求生机。据《石圳李氏四房家谱》的记载，从第十一世起，世系中一直有人去台湾。而在第十三世中，有十人离开村子去谋生，其中九人去了台湾，一人去了菲律宾。这位冒险者，就是李清泉的高祖辈。自此，李氏家族开了移民菲律宾的先河。李清泉在14岁时，随父亲去菲律宾。其祖辈在菲律宾所发展的小型木材

图4-2 小径路面
清泉别墅前花园内的庭园小径，以卵石铺就的植物图案。

两座华侨别墅的故事

◎筑境 中国精致建筑100

行，为李清泉后来在木业的发展奠定了基础。

早在1565年，西班牙殖民者占据了菲律宾，并开始了马尼拉大帆船（Manila Galleon）横渡太平洋的美洲与亚洲贸易。当与中国的贸易开始时，更加剧了早已在菲律宾的福建商人与贸易者们不断以血缘家族的形式，将祖地的族人牵引出国。直至18世纪中叶，欧洲的自由放任主义，主张开放所属的殖民地，解除对工商业的限制。李清泉的高祖辈、福建泉州石圳村的李彼柿，就是在这个时期从福建到达菲律宾，从当西班牙统治时期的劳工到经营小商店并从事发展贸易的。直至李清泉，已经是李家在菲律宾的第五代了。当时，菲律宾与福建之间的移民，往来穿梭，络绎不绝。

图4-3 李清泉别墅前的门廊以四根巨柱构成了入口立面。

图4-4 园亭

这是李清泉别墅花园树木丛中的亭子。

　　李清泉幼年在美国驻厦门鼓浪屿创办的同文书院（美国人任书院院长）接受全英文教育。1901年他随父亲到菲律宾自家经营的"成美木业公司"学习经商。1902年，李清泉父亲将其送往香港圣约瑟学院（Saint Joseph）继续深造四年，学习到了香港进行现代化都市建设的相关经验，这为他之后在马尼拉扩展商务、创办银行，在厦门填海筑堤、制定铁路开发宏伟计划等的市政建设，打下了良好的基础。

　　在美国接替西班牙政府统治菲律宾并进行大规模建设时期，李清泉富有远见地开拓实业，对家族的传统木业公司进行革新改造，而由此建立了华侨在菲律宾的木业王国。他顺应历史潮流，实行机械化生产并扩大规模。随着菲律宾大批木材出口到国外，因此而成了菲律宾的"木材大王"。心系桑梓，他不仅以实业救国，而且在家乡留下了美丽的"李清泉别墅"。

李清泉别墅，又名"容谷别墅"，因院内百年榕树与整座建筑如山谷打造一般的雄伟而得名。别墅坐落于鼓浪屿的龙头山（又名升旗山）脚下，今天的旗山路7号。这座被称为升旗山第一楼的别墅，是李清泉于1926年兴建的。

依山面海，别墅与鹭江对岸的虎头山隔江相望。建筑为3层，以通高的巨柱式形成别墅的立面，柱体柱面有剁斧凹槽，柱子采用了爱奥尼式柱头。建筑外墙由红色清水砖密缝建造，而连接3层的通高巨柱由石头建造。建筑的窗和门均装有木百叶，双层玻璃，局部用彩色玻璃，外包木制的门框、窗框。房屋的楼板和顶棚以及家具都是木制的，由菲律宾输入。

图4-5 石雕
李清泉别墅的石栏及以植物图案形成的雕刻。

图4-6 客厅照片／左图

李清泉别墅客厅中悬挂的李氏家族照片。左数第二位是李清泉的照片。

图4-7 李清泉别墅室内的门／右图

因为李清泉在菲律宾的木业公司当时正处于发展的顶峰，因而，李清泉兴建的这座别墅的很多结构性和装饰性构件都是开采于菲律宾的森林。有些木材质地优良，来自百年以上的菲律宾列岛的优质树种。

别墅每层均有套间，大厅宽敞，大片铺装楠木地板。厅外设有宽廊，可以纳凉观景。前面是一座中西合璧、人工组景的花园。园中设计有西洋园林中常用的水池和喷泉以及中国式的假山。园中小径铺筑着各种花岗岩卵石，拼成各式各样的图案和文字。花园内植南洋杉五棵，栽植绿化并修剪整齐。假山建有中式和西式亭子两座，休闲其中，俯瞰滔滔鹭江东流。

除李清泉别墅外，李家庄是另一座建于20世纪20年代的别墅。这座别墅是为李清泉的父亲和兄弟兴建的。这座别墅选址于幽静的漳州路旁，与林语堂和马约翰的故居毗邻。这座西式的别墅，由闽南工匠们将古典希腊柱式地方化。柱头的各种浮雕植物花卉，形成独特的地方色彩。中国式的门楼上题示为"李家庄"，这依然反映了中国民间以家族和宗族为核心的居住特色。

另一个家族色彩浓郁的别墅群是杨家园。杨家园是由菲律宾华侨杨启泰、杨忠权和杨在田等共同兴建的。杨家园的想法和设计据说来自侨居菲律宾马尼拉的杨氏先贤。这一别墅建造的全部经费和部分材料来自菲律宾。杨

图4-8 李清泉别墅的窗　　　　　图4-9 李清泉别墅客厅中的屏风

氏家族曾经在清朝末年，从福建龙溪县移民至当时在西班牙统治之下的吕宋（今菲律宾）。因为在19世纪的后期，吕宋西岸的各口岸因为兴建和修复天主教堂的需要，向闽南招募了大批的石匠、铁匠和其他工匠。这种局面及随后的第一次世界大战使铁匠杨的生意兴隆并发展成为菲律宾首屈一指的"杨氏铁业公司"。在杨在田即将进入不惑之年的时候，听从了一位算命先生的劝说，于1915年从菲律宾的马尼拉回到了厦门。他为杨家园的兴建出谋划策，与杨忠权和杨启泰共同建造了这座杨家园。他们先在鼓浪屿笔架山向英国差会购买旧房，在此基地上兴建了新的西式别墅。工程由闽南工匠阿全承建，建筑依据图纸建成。

　　整座别墅包括四座独立的建筑，最终落成于20世纪30年代。这四座别墅，由一座大的花园环绕着。所有四座建筑均由红砖和石头建

两座华侨别墅的故事

◎筑境　中国精致建筑100

图4-10　杨家园别墅外观／上图

图4-11　杨家园别墅的宽敞门廊和露台／下图

图4-12 杨家园别墅客厅内中式的落地罩和陈设/上图

图4-13 杨家园别墅的露台/下图

筑镜　中国精致建筑100

造。杨家园的四座建筑，每一座都由主楼和配楼组成。四座主楼都由宽大的门廊构成主要的建筑立面，柱式均为科林斯式，其中三座是矩形和方形平面，另一座由于靠近路边，而采用不规则的平面形式以适应既成的道路事实。这座建筑的底层建有地下层和防弹室，从底层至顶层的层高划分逐次递减，外观犹似意大利文艺复兴时期的府第外观与立面的划分。每座别墅都分工明确，主楼包括客厅及卧室，配楼包括佣人房、厨房及厕所。主楼和配楼之间或以廊道相连，或以院落相连。院内专设一小门和通道，供佣人出入。从这些别墅的外观，我们亦可以从设计及用材方面来判断主楼与配楼之间的区别。这种空间划分方式，也许取自他们在南洋所见的生活方式及空间

图4-14a
杨家园别墅的门楼之一

图4-14b
杨家园别墅的门楼之二

两座华侨别墅的故事

筑境　中国精致建筑100

的分配方式。杨家园有一套设在顶层和底层的水池，蓄积雨水。院内还挖掘了水井，当年，岛上没有自来水，这套供水系统用于自给自足的别墅供水。当来自福建龙溪的杨家四兄弟搬进这座新近落成的别墅后，他们同时将闽南家族式的生活也带进这座西式的别墅中。通过将别墅以院墙和门楼的方式相分隔，使这四座别墅各有花园和门楼。这颇似家族兄弟之间分家之后的居住方式。

除李清泉别墅和杨家园外，还有许多华侨别墅具有中西建筑结合的特色。这些南洋华侨不但在东南亚目睹和经历了荷兰、西班牙、英国等欧洲殖民主义者统治下的生活，而且受到耳濡目染的文化熏陶。在他们致富以后，生活方式和居住方式上都产生了变化。从他们择地建宅以及他们对于建筑形式风格的选择上都有所反映。

五、传统格局中宅屋的革新

图5-1 街区鸟瞰/前页
照片中心为现存的闽南式大
厝。四周翻盖了新宅及西式
住宅，很多随意添建的住宅
亦损害了其完整性。

图5-2 笔山路19号别墅
立面图

一个人的外表，能够反映他（她）内在的
素质和涵养；一座宅子，也能反映其居住者的
思想和观念。家庭的含义，在中国人的心目中
是深远的。它是滋润心田的甘露，也是维系生
命的源泉。家更是心之所在，风起云涌，掀起
波涛；潮涨潮落，终归平静。

中国人对于家的营建，无论是古代还是现
代，无论是身在本土还是客居他乡，无论是在
精神上，还是在物质上，都是值得我们深思和
回味的。在闽南的传统历史上，家，更是百姓
的港湾。历来是男人出海闯荡，打鱼谋生，女
人种田织布，操持家务。海边的人们，知命乐
天，泰然处世。民居的布局，就清晰地反映了
这种豁达、乐观的人生观和鲜明的个性。

与中原、江南某些地方封闭性较强的民居

图5-3 笔山路9号别墅立面图

性格相异，这里的民居十分开敞、明朗，向着阳光，迎着大海，色彩明快而俗艳。鼓浪屿是一个受传统文化影响较弱的地方，因而，建筑文化并非完全与中原相同。一般建筑平面布局原型为一进三开间式。中间为厅堂，是住宅的核心，设有供奉祖先神明的牌位并且有接待宾客的功用，两侧分别是卧室和厨房。宅前多有开阔的场地，供家人室外活动及收拾渔具、补织渔网、晾晒谷物。富裕的人家，则按此原型朝着纵深方向发展至几进，中间设置天井或院子，两边有护耳相连。鼓浪屿现存最早的民居建筑，是燕尾两落双护龙红砖"大夫第"，这种纯熟的砖砌艺术与艳丽的色彩，是闽南传统建筑文化的特色。而那种平面细长且一进一进向后延伸的建筑群落，则是在此基础上，由于受到早期商业街道限制的影响而形成的另一种格局。

图5-4 泉州路82号
别墅立面图

　　这种一进一进的院落式闽南大厝，在鼓浪屿保存下来的不多，比较完整的仅有两处。也许是因为自然的影响，如台风侵袭，使房屋倒塌，也许是因为人为的影响，如洋人与华侨带入新的建筑形式，百姓拆旧换新的相互攀比而使然。但是，这两处民居或多或少都可说明，闽南式的传统民居式样，就是鼓浪屿民居的原型。

　　这里的百姓，以海为生，对大海寄予了深情厚望。海是他们生存的基础，生命的希望。由于处在中华版图的边缘，又较早接受来自西方的商业文化理念，因而风水的东西在此并不十分盛行。在他们选择房址和墓址时，对大海充满依赖。百姓们普遍认为，地有地气，水有水气，人有人气，气旺则生气勃勃。选择住房和墓址的朝向，就是寻求海之"气脉"所在，并将其纳入他们的住宅与墓地的考虑之中。依山面海，是首选，同时，请风水先生将户主的生辰岁时结合进罗盘推演之中，以决定房子的最终朝向。所以，在鼓浪屿岛上，同一地形，同一位置，竟能衍生出那么多有所偏差的房屋朝向来。这细微的偏差，是因建造住宅与风水流年有密不可分的关系。甚至在同一座府第中，先建的门楼与若干时间后建的房屋之间，都会发现有轴线的偏移。但是，一旦住宅的朝向与面海的愿望有矛盾时，如遇到朝西、日晒等情况，住宅主人也宁愿选择面海而不选罗盘暗示的朝向，这表明了人们对大海的尊重与眷恋。

此外，在营建住宅时，百姓对经济上的考虑也很周全，尽量做到充分利用地形，对于基地最好是不填、不挖，或少填、少挖，以减少土方的挖掘和搬运，充分利用每一寸土地、每一隙空间。在地形有高低差时，常把低处设计成地下室，作为储藏和防潮空间，以与高处找平。否则，若将高处夷为平地，就需要耗费大量的人力、物力和财力了。

鼓浪屿住宅的一个显著特征是，宅中设有很多门。一个房间至少有三四个门，即使是卧室、书房这些需要相对安静与私密的房间，也常常能穿堂入室地通行。也许，只有这样，才能让大海的"气脉"贯通每一个房间与角落，充溢整座住宅中。其合理之处是便于使每个房间内的空气流通、新鲜。身居其间，神清亦气爽。

随着鼓浪屿上外国人及华侨兴建的公馆、别墅的日益增多，对当地百姓营建的住宅有很大影响。在弃旧建新的住宅更迭过程中，充分显

传统格局中宅屋的革新

筑境　中国精致建筑100

示了他们努力模仿甚至赶超洋式住宅的痕迹。在住宅上，大多是掺杂着西洋风格和东南亚风格的独立式小楼。与传统的闽南式民居不同之处在于，它们不是一般的横向布局，而是纵向发展为三至四层，模仿西式古典宫殿式造型。由于受到外来文化的影响，他们在生活方式上和思想观念上都有所改变。很多鼓浪屿人成了忠实的基督徒，原来室内供奉佛像的位置已经没有了；厅堂内的灯梁，在传统上是举行红白喜事庆典仪式时悬挂灯笼、联幅之用，也取消了，取而代之的是壁炉、神龛等西式陈设。原先是一家一户只有一个公共活动的厅堂也转变为几个大小起居室了。同时，在宅的外围添加走廊、门廊、天台、阳台也成了一种时尚，这些原本是为适应气候而做的努力，其合理的功能性已经让位于住宅主人的地位、财富的象征性了。在这些仿洋式住宅中，内部功能增多了不少，如中间分为前后二厅

图5-5　主楼、辅楼分离的建筑立面图
在立面上，主楼与辅楼之间形成了强烈的主从关系。

或前、中、后三厅，卧室根据房子进深的大小而排列每边二至三间不等。厨房、卫生间、储藏室与主要生活空间分开，或布置在尽端，或另辟一处以廊道相连。这种布局，发展到后来的将大型宅第主辅楼分置的布局。

也许人们会问，相对于闽南民居的传统格局，鼓浪屿的宅屋有何革新？这些建筑，除了与其地理、社会与历史的文脉相适应外，建筑与海滩、山坡及岛屿特殊的生态是如何呼应的？尤其是当今人们开始考虑建筑生态的本质是什么时，这些建筑，是否为中国建筑中的另类建筑？革新与创造，是如何体现在这些居屋上的？

"生态"一词的词根"eco"，来自古希腊，意味着"房子"；或拉丁词根，意味着"住户"。这似乎隐含着生态本意，是关乎人及其活动如何影响着我们赖以生存的房子与环境。在生态学语境中，适应性，指某种生物的生存潜力。适应性是指生物体与环境表现相适合的现象，它是通过长期自然选择形成的。其中一种表现形式是使生物适应环境。

不难发现，遍布全岛的居住建筑大多呈现的是外廊式模式。据历史考察考证，亚洲的第一座三叶状外廊式建筑布局的外廊式居屋，来自鼓浪屿。当地工匠在外廊原型基础上，适应了突兀的山顶地形，而在山顶上建造类似风车图形的外廊式建筑。追溯历史，外廊的原初形式源于印度广泛存在的合院，外廊空间最初是坐落在建筑内部的、类似于院落或天井的开敞空间，后来由于贸易与交换的需要，内部开敞的空间被移至建筑外部，因此形成了新的建筑类型的出现，建筑的三面由外廊环绕，有时四面都绕外廊，为的是适应热带及亚热带气候，以高度的适应性将建筑向四周开敞变为外廊式。后来，当地居民因扩大居住空间及夏季台风等因素的考虑，将建筑再次进行改造，可以视作一种气候适应性与社会适应性建筑体系发展的生态学脉络与经济学解释。

六、匠人营宅

海螺壳是因何创造出来的？海螺壳的形式是回应何种功能？形式与功能之间的关系问题，也许应该是自然科学研究的对象。对于自然科学的研究对象而言，生物或动物的行为、环境、生存策略都是其研究指向；而就海螺本身的形式与功能而言，是对于有关海螺的所有标准信息进行实证分析得出的。

过去，对于建筑形式与功能的探讨不计其数。如果我们借助海螺形式生成的自然演化过程进行研究，将会发现许多人文科学在以往所忽略的问题。尤其是在各种各样的"海螺"中，螺壳实际上提供的是一种对其内部柔软脆弱的软体动物的一种保护外壳，海螺壳如盾牌和支撑结构，其功能和作用，即使因各种各样软体动物与行为方式的不同，而因此呈现出各种各样的海螺形式。最基本的分为单瓣的贝壳与双壳。

鼓浪屿 匠人营宅

⊕筑境 中国精致建筑100

图6-1 外墙的组砌做法
这是鼓浪屿某住宅外墙的组砌做法。选用有暗底条纹的红砖，按照一定的规律进行排列，形成有韵律的外墙细部效果。

图6-2 石屋

这是本地工匠运用石头建造的住宅。在这里，石材不仅充分显示其承重的功能，同时，通过刻意的雕琢，也具有很强的审美趣味。

如蜗牛状的海生腹足动物，是食草与食肉动物。其壳非常结实，便携式壳体便于在寻找食物时运动更灵活。其壳体为经典的单瓣式贝壳，或多或少地带有标记的尖顶式造型。双壳贝类生活在泥泞的环境中，犹如一个沉静的过滤器。例如鹦鹉螺，创造出了一种非常美丽的外壳，用为平衡水压，例如船蛸，通过触须产生出美丽而临时的外部结构，用作生命的载体。

在台湾海峡两岸所见的民间自然生长的建筑，经常有海的影子与细部。人文性的表现中，体现着自然的进化。起翘的屋檐与屋脊，更有渔船的造型。是工程师所为，还是工匠所为？从人类设计的角度来看，自然生成的构造，似乎更为合理，顺应着自然环境与天然条件的需求，有时甚至是极端苛刻的需求，这是生命必须回应的一

图6-3 黄家别墅的门
门的木质坚韧、细致，做
工考究，表现出别墅的豪
华气派及主人的地位。

种生态体系与自然操作系统。因为不断地生长
与回应环境，事实上，我们所捕捉到的形式，
都只是过去时态。然而，其生长的轨迹，无不
受到其原型的制约与影响。

　　闽南一带的传统民居主要以混合构造为
主。所谓混合构造，即外部为承重墙，内部为
柱梁构造。因此，外观造型，除了体量的构成
与尺度的把握外，在很大程度上与外部砌筑所
用的材料有关。鼓浪屿的住宅，除继承闽南的
构筑方式外，还有一些发挥。如将柱子脱离墙
体之外，形成柱廊，建筑外墙所用的材料多为
当地生产的砖、石。具体做法是，底层（或地
下室）部分完全以石材砌筑，石块加工成基

a

b

c

图6-4a 门楼之一／左上图

这是鼓浪屿某宅的门楼。它脱离建筑物而单独设置，不仅具有驻足停留功用，同时亦决定住宅的风水朝向。门的两侧常按中国传统悬挂或镌刻对联，以表明住宅主人的姓氏、身份、地位或具有某种祝愿及象征意义。

图6-4b 门楼之二／右上图

这是又一种门楼形式，以石质材料模仿西式的双柱及壁柱式处理。透过铁扇，可见宽广的别墅内院。

图6-4c 门楼之三／左下图

门楼亦是一个休息、纳凉的空间，同时亦是地位的象征。这一门楼以石材模仿中国传统式木结构建筑形式。

本上相同大小的样子，然后横平竖直，规矩方正地砌筑成墙，墙厚有时达到近1米。所用的石材多为附近盛产的花岗石，经过惠安石匠之手，加工制成各种建筑构件，用于建筑物的各个部分。殷实人家则选用青石或泉州白（一种当地的石材名称）等上等花岗石。建筑物的底层砌好后，上层接着用红砖来砌墙。砖墙的砌法又分为平砌和组砌：平砌即为普通砌法，所用砖材比较普通，完成时，砖墙表面也不需要磨光；而组砌则会依据砖材的优劣、匠师的技艺高下而有不同的艺术效果。一般选用表面有釉的暗底花条纹砖，根据需要按着纹路拼砌成有规则、有韵律的图案。当住宅建成以后甚至若干年后，外墙面始终都是那样洁净、清爽，给人一种经过洗涤的感觉。在阳光的照耀之下，显得格外的文雅、精致，透着书卷气。

鼓浪屿匠人营作以许春草最为代表。这位出身贫寒的泥水匠，聪颖好思，以其对于建筑风格、材料、细部和尺度以及与环境的关系等建筑因素的极度敏感，于20世纪30年代而开发了鼓浪屿笔架山顶的荒地，兴建了三座住宅，其中一座为自家居住的"春草堂"。

这座临崖面海的西式小洋楼，朝迎旭日，暮送彩霞。建筑地上部分为两层，地下部分做找平处理。二层的中部设计为客厅，客厅前面为宽敞的敞廊，明显是模仿西式的别墅。两厢为居室。厅后为膳堂和厨房。这座建筑的外观，充分表现了匠师擅长各种材料之间的组合与搭配，以闽南特有的花岗石作墙基、墙柱和

图6-5 雕刻图案
这谜一样的图案，雕刻在住宅的屋檐下、门楣上。这一图案能否为家庭带来吉祥与安宁，能否保佑子孙万代的昌盛与幸福呢？

廊柱，而用清水红砖砌筑墙体，产生两种材料之间质地、色彩与砌筑纹理的强烈对比。

屋顶，历来是闽南传统建筑的精彩之笔。不论官式建筑，还是民间建筑，匠人们对屋顶的建造从不敢怠慢。在闽南的传统民居中，最为常见的是两坡的硬山屋顶，且有阴阳之分。民间对于住宅的封顶一事看得很重，通常是选择良辰吉日，邀亲朋好友，摆设酒席，举行盛大的仪式以示庆贺。可见，屋顶，在人们的观念中是多么重要。

鼓浪屿住宅或别墅的屋顶，与闽南民居的屋顶有很大不同。前面已提到，由于受到外来文化的影响，人们的观念有了很大的改变。民居外观形式的洋化，自然也包括屋顶形式的

筑境 中国精致建筑100

洋化。许多西洋式的屋顶被套用，甚至教堂常用的穹隆顶形式也被用于民居上。一些较为大型的住宅，屋顶常以化整为零的方法，各种屋顶穿插组合，变换折中。也有为标新立异，以奇特的造型来塑造屋顶的。台湾板桥林鹤寿在1895年台湾被迫割让给日本以后回到鼓浪屿，在鼓浪屿笔架山麓兴建的大型宫殿式别墅，屋顶以红色圆形的穹隆顶模仿西方古典主义的宫殿式建筑。红色圆顶以八边形的八角平台承托，上有八道棱线。穹隆顶的鼓座呈四面八方的十二个朝向，因此而被称为"八卦楼"。有些别墅的屋顶，俯瞰像一面旗，有的采用拜占庭式的洋葱头形，也有的住宅中间为四坡顶，外围为平顶。有些欧式别墅，配上传统的中式歇山屋顶。此外，闽南式屋顶上的那些传统装饰依然被安放在这些洋化了的屋脊屋檐处。以往传统屋顶的象征性在鼓浪屿建筑中，由于各式各样屋顶形式及材料的选用而被淡化了。当然，在鼓浪屿住宅中，首选的屋顶材料是红色的板瓦和筒瓦，也有的选用铁皮或其他新材料漆成红色。少数富户采用琉璃瓦。

门，在中国人的传统观念中，有着特殊的含义。它不仅有界定空间和领域的物质功能，同时，它也是某种象征，带给人心理暗示。鼓浪屿人，把建筑中的门，做了格外的重点处理，甚至将其发展到了极致。

一种是建筑自身的大门，即房子的正门，它是由外到内心境转换的中介。要感知一个家庭，一进门的感觉往往形成最终的印象。鼓浪屿住宅的正门，大多用最为上等的柚木，木质细腻而坚韧，便于精致地雕刻，同时，也给人以庄重感。门外墙壁围绕一圈门套，用上等石材雕刻。门上方有门楣，一些家庭在门两侧及上部刻字或悬挂对联、横幅，以体现住宅主人的品位、身份、姓氏和地位。

a

另一种做法，将门脱离建筑物单独设置，亦称门楼。门楼常结合庭院、围墙，组成一道新的风景。而门楼的设置，往往比建筑物本身更为重要，其朝向的准确与否，常常被理解为带来吉凶的预兆。风水朝向，也常常由门楼来决定。若门楼的定向准了，建筑物本身倒是可以有适当的偏离的。鉴于此，很多门楼的建造，其精致程度，甚至超过建筑本身。它是身份、地位、财富的象征。随处可见的是，鼓浪屿住宅的门楼，一家比一家大，一家比一家堂皇。住宅前不设门楼的情形倒是很少见的。

b

这些门楼，一般用砖石砌成，宛如一座小建筑。细部刻画得很精致。中间多为铁制带有卷曲植物图案的两扇门扇，与西洋的花园住宅风格十分接近。透过院门内望，庭院深深，只闻琴瑟，好不惬意。与门楼紧连的围墙，有些是砖石拼接组砌的，并且富有韵律地留出空隙或漏窗。隐约之中，透着院中的勃勃生机。

图6-6a 鼓浪屿的普通居民楼之一／上图

图6-6b 鼓浪屿的普通居民楼之二／下图

一般的住宅，外部重点装饰部位为山花、檐口、柱头、柱身、柱础、门楣、窗楣，较大一些的宅第，还有室外平台、楼梯栏杆及扶手，此外，庭院小品也是装饰内容。日积月累的经验，使本地匠人能驾轻就熟地掌握和运用各种材料，并在具体操作中发展成了一定的套路和模式。在装饰图案的选择上，最为常见的是植物母题。有些是具象的植物造型，有些是抽象的植物图案。这些图案，反复在柱头、门楣、窗楣、山花等部位出现。也许是四季如春的气候，滋润着四季常青的植物，给人们留下永恒的自然印记的缘故吧。这些常年茂盛的植物，象征着吉祥、和谐、昌盛、永恒，几乎成了鼓浪屿的图腾。鼓浪屿人得到这一美丽自然的庇护，在建筑装饰点缀中，给予了尽情的表达。此外，也有很多鹰的造型及其他形式的造型，以浮雕的形式，装饰在显眼的部位，似乎是一种象征。这种装饰，究竟意味着什么，是舶来的，还是本土的，还是一个谜。

七、淡妆浓抹
精雕细琢

"淡妆浓抹总相宜"虽然是描绘西湖美的，但对于鼓浪屿建筑装饰风格来说，同样是凝练的表达。

一座住宅的风格，一个家庭的气氛，无不体现着主人的品格。最初对于装饰风格的选定，是与个人的文化修养有很大关系的，同时，也是他的身份、地位及当时的社会流俗与时尚的间接反映。风雨的侵蚀，日月的积累，使住宅的内与外都会不自觉地产生出一种氛围，而这种氛围的产生，当然有它的自然因素，然而更为重要的是人文因素的渗透。

鼓浪屿建筑在外观上给人以开朗、明快的感觉。除了因造型及色彩的关系外，还有一个十分重要的原因在于建筑的标志象征。一些标志性的建筑物，例如教堂、影剧院、公共建筑；另外一些标志性的建筑物，例如名人故居，难计其数。这些凡尘建筑却如教堂般得到朝圣般的瞻仰，这无疑是人们的另一种生活中的信仰，一种偶像崇拜。从名人故居，到公共建筑，到教堂，人们的情感与行为，受到了心理映射的指引与信念和希望的召唤。然而，视觉依然需要有所停靠，由此我们在关注标志性建筑物的同时，更需要关注细部的标志与象征。

首先，鼓浪屿建筑的窗与门，在每座建筑中都是数量众多，有些在墙面上是零落的，有些是连接的，有些是集群的，有些是图式化的。门窗大多做工精致而考究，十分符合人的细部尺度。这些细部，都可以看出主人与工匠们情感的投

图7-1 窗的细部
窗外以水泥或水刷石、石材制成窗套，
雕刻出细致的线脚

筑境　中国精致建筑100

图7-2 黄家别墅室内/上图

全部采用上等的木材装修四壁，顶棚采用中国传统的平闇式吊顶。采用了彩色玻璃门窗，家具陈设古色古香，给人一种中西合璧的印象。

图7-3 中西混合的家具陈设与室内情调/下图

入。因此反映出建筑的情趣，并通过象征符号表达出与外部环境的对话：积极的、安全的、美丽的。外廊、天台和阳台的细部及尺度，都是从人的角度来考虑和设计的。一个住宅的外观，有了细部，尤其是合于人体尺度的细部，给人亲近的感觉。

前面已经谈到，鼓浪屿住宅的门，是建筑营造中格外重视的因素，这里不再赘述。至于住宅的窗，一般来说以矩形为多，洞口开得平直、方正，窗口比闽南传统民居大很多。窗户的外框也是矩形，多用条石围合成窗套。窗楣上部有雕刻，窗台下部有造型及线脚，有时用砖砌，再用水刷石或水泥抹面。窗棂、窗扇多为木制。一座宅子的窗户制作是否考究，也向人们暗示着某种东西。人们常

图7-4 鼓浪屿普通居民楼／上图

图7-5 早期鼓浪屿商人
（图片来源：明信片）／下图

说，眼睛是人心灵的窗户，而窗户，能不能表达一座宅子的"心灵"呢？

建筑的符号，对于它的认同及其形象，都具有极为重要的象征性作用。这种象征性符号，以往很少与环境生态联系探讨，并且很少受到真正的价值评定。这些细部象征，实际上形象化了一种生活方式：看到一座住宅或亭台的栏杆，常让人想到独倚栏杆的倩女、凭栏远眺的诗人。鼓浪屿住宅的栏杆所产生的，不是这样的意境。大多数住宅的外廊十分宽敞，很大程度上是室内空间的延伸。湿热的气候，使凉台成为夏季主要的生活空间。桌椅、茶几布置在有顶盖的天台、门廊上，合家围坐，其乐融融。这些敞廊，有些是四面环绕的回廊，有些是三面或双面的柱廊，以东、南、东南方位为主，有的只在正面设置门廊，与入口及客厅相接，以迎纳清风明月。这些建筑的廊子以古典式的柱子和拱券连接起来，给建筑的外观增添了无限的灵秀。一个门廊半个家，这对于鼓浪屿的建筑来说，绝非夸张性描述。栏板及栏杆，在门廊、天台中格外醒目而重要。它们大多选用最为上等的泉州白和青石等石料制成，经过雕刻、磨光、拼接图案及严丝合缝的处理，整体感很强。有些则是整块的石材雕成的。另外也有用琉璃瓶或上等红砖有间隔地排列出图案和韵律。远远望去，有无穷的乐趣。

室内的装修，显示了鼓浪屿人特殊的背景和品位。即使是地地道道的鼓浪屿本土人，也由于久居于中西生活方式混合的环境氛围中，室内装饰远离了正宗的闽南式室内风格。

地面，常见的是用本地生产的地砖铺砌，分有釉面砖和无釉面砖两种，一些地砖带有暗花图案。这些地砖有很好的防潮功能。木地板和花岗石地面，则见之于豪华的公馆、别墅中。室内墙壁四周，有的人家做了木墙裙，规格更高的则全部装修成木墙，顶棚也做成木制吊顶，有传统的平棊、平闇两种做法。更为豪华的家庭则用上等木材制楼梯、门窗、壁炉等陈设，雕刻十分精致，线脚笔挺，油漆质朴、亮泽。家具陈设，根据各家的需要、爱好和品位而有所不同，但几乎每家每户都有钢琴，由此，使鼓浪屿被称为"钢琴之岛"。

常见一些中式外观的住宅，内部却是西式的，设置有壁炉、爱奥尼风格的柱头、科林斯风格的壁柱。一些室内楼梯的栏杆雕花，有的模仿欧式做法，带有矫饰的痕迹。相反，一些西式外观的别墅，内部却完全是中式布局，明清风格的桌椅、床榻，传统的落地罩和博古架，以及古色古香的中式屏风、古董器玩。而往往更为多见的是一般家庭中的那种中西混合的家具陈设。

与鼓浪屿住宅艳丽的色彩相比，室内则较清爽、质朴，在豪华的别墅中，家具以色调凝重的为主，也有以本色出现的。彩色玻璃偶尔用作局部的点缀，装饰在家具、门、窗及屏风隔扇等处。少数人家依然受到根深蒂固的习俗影响，保留着闽南传统生活习惯和生活方式，正厅中供奉着祖先牌位和神灵塑像，因此，正厅常具有祭祀和接待的功能。

室内的气氛，除了受装修和家具等影响外，家庭的生活方式、风俗习惯、人员构成及内在素养都起很大的作用。鼓浪屿人在很多方面继承了闽南人的传统习惯，在另一些方面，则因为条件、环境的影响而西化了。这些西化的生活方式，必然也在室内的气氛之中有所表达，使鼓浪屿住宅的室内风格与传统闽南式风格相比，发生了实质性的变化。

八、补山与藏海

鼓浪屿的山情海趣，曾使无数骚人墨客为之倾倒。生活在其中的鼓浪屿人，将自然融进生活、融进血液。匠人们用巧手将自然之美融进建筑之中。菽庄花园的建造，可谓是其中的一个实例。这座花园的建造，是关于横跨台湾海峡一个林姓大家族几代人发家致富，并发生在1913年的鼓浪屿的事。

林家祖籍本是福建漳州龙溪人。开台始祖林应寅在清代乾隆四十九年（1784年）携长子林平侯渡海至台北新庄落脚。1788年在台湾的第一波来自福建泉州的移民与第二波来自漳州的移民之间因关系恶化而冲突，此时林平侯经营的米业，因开始供应他那些来自漳州同伴的生意，而交了好运，后又迅速展开盐业贸易而致富，在40岁时捐官入仕，曾任新竹县丞，后任广西柳州知府。辞官后回到台湾专心营利。1815年举家迁居桃园大溪，以米和盐及其他商品作为交换，开始了樟木贸易，沿着溪带修建了一座漂亮的花园住宅。他邀请其他商人、贸易者、挑担者和匠人们到台定居，在府邸以北为他们建造了一条市街，而且铺筑了直通河畔陆地的路径。其中有两座庙宇，一座为佛寺，一座为航海者和商人们所崇拜的女神妈祖庙。当林氏76岁离世后，家族溯溪而下到达板桥，儿子林国华与林国芳继续着林家的生意。1846年，在此建造了一座新府邸，与一座市镇一起，由一座带有边弄的市街和一座庙宇组成，并围绕着带四座门的竹栅围篱。六年以后，在旧府邸以东，建造了一座新宫殿，而一座带有小湖的花园逐渐成形。

图8-1 鼓浪屿菽庄花园鸟瞰/上图

通过曲桥的围合，将大海纳入园中，同时借助
背靠的日光岩，点缀亭台小品，是中国造园手
法中所强调的"巧于因借"的灵活运用与巧妙
处理。

图8-2 鼓浪屿菽庄花园/下图

台湾1887年成为清朝行省，林平侯长孙林维源受到清朝廷赏识，被授予侍郎头衔。为执政需要，他在旧府邸以南，建造了另一座类似大型官殿一样的办公用建筑。在大约40年的时间里，林家三代倾资总共2730000两白银买官买名,而成为岛上最富裕的家族。著名的板桥林家花园，布局在谷地，周围环绕自然风景与家族成员的坟墓，近湖布置着亭子和书斋。只有书斋后面的小花园，加建有围墙，而花园在所有方向都是敞开的。当日本人在1895年的《马关条约》之后占领台湾时，林维源毅然放弃庞大家产，扮成苦力，携家带眷，星夜驶船逃亡到厦门。随父左右的儿子林尔嘉（林菽庄），为纪念台湾板桥的林家花园，构思并请工匠在鼓浪屿建造了与台湾板桥花园遥相呼应的菽庄花园（有"小板桥"寓所之名）。菽庄花园于1913年建成，林菽庄居此直至1949年返台。

这座花园，妙在巧于因借。它地处海边，背倚日光岩。在临海处，架起了游龙般的小桥，收放曲折，将海水、沙滩揽进怀抱。远处的海天一色，也成为从桥上观赏的远景。这一因借，使园

筑境 中国精致建筑100

图8-3 鼓浪屿鸟瞰
红色的屋顶，点缀在绿树中，格外美丽。

中有海，海中有园，相互映衬，相互烘托。在靠山的部分，则通过开凿扑朔迷离的山洞，增添小巧宜人的山地建筑与小品，将山柔化成颇具人情味的园林景致。以日光岩为背景，借助山势，高低错落组合了一些园林建筑。这座花园的建造，既具有自然山水之趣，又具有人工雕琢之妙；既有中国古典园林建筑的韵味，又有别于中国古典园林，是一个闽南海上园林的佳品。

为何说它有别于中国古典园林呢？首先，从"圜"的象形文字看，中国古典园林一般都有围墙环绕着，上部象征着亭子或厅堂的屋顶，中间是池或水塘，下部是树木花草。因此，最基本的三元素是围合起来的水木清华。

而这座菽庄花园的营造却是开合有致，以自然山水开辟了景观建筑的先河，与西方造园有某种契合，然而更多的是继承了中国园林的山水写意，扩大了墙内丘壑的营造尺度，反映了沿海人文生态的物象与心境。

图8-4 某大型住宅平面图内天井的运用，增强了建筑内部的通风散热功能，是适应气候的较好处理方式。

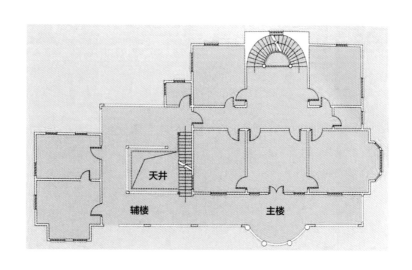

天井

辅楼　　　　　主楼

从哲学层面思考，整个世界就是一座园林。自然之美——浮云、朝霞、如诗如画的落日余晖、明晰的月光、清新的海风——这是每一个人的共同财富。即使身居简单朴素的房子里，一样能够享受到拥有这海上花园的美妙。

事实上，即使是传统的古典园林，也并非就是中国土生土长的发展，而是经历过许多次的外来影响而发生变化。最早是来自印度佛教的影响，并经历了汉化的过程；其次是外国的产品例如玻璃制品的引入，玻璃替代了以往以纸或以丝为窗户的材质的做法，虽然最初的玻璃以及玻璃器皿，只是出现于皇家建筑或宫廷苑囿之中。直到西方传教士们大量在教堂类建筑中使用玻璃与彩色玻璃，园林中建筑的窗子才发生了根本性的变化。在门、窗、天窗、屏风等都出现了玻璃或彩色玻璃图案与装饰。这在17世纪和18世纪中国受到基督教影响时期极为多见，而鼓浪屿正是其中的典型。

仁者乐山，智者乐水。巧于因借地形地势的例子，还有不少。特殊的地形，塑造了特殊的建筑。岛上的住宅多拾级而筑，纵横错落于浓荫绿树之中，清雅温馨，静谧宜人。依山而建的房屋，地势低的部分以地下室找平，隔着挡土石墙。大多数房子都是局部地下室做法。当房屋入口位于有地下室的一面时，便设计踏步直通入口平台。这是利用地形较为常见的一种方法。由于岛上潮湿，地下室亦兼有地下隔潮作用，这是补山做法之一。

郁郁葱葱的鼓浪屿，万绿丛中的点点红色，是掩映在满山绿树丛中建筑物的屋顶。这些屋顶的材料，均是当地生产的红瓦，在绿树浓荫中，尤为显眼。由于岛上丘陵起伏，在高低错落的山冈上，视线所及，大多为房子的屋顶，即经常被人们称呼的建筑"第五立面"，因而，拥挤的建筑布局中，屋顶的美观与否显得格外重要，每个屋顶的处理似乎都是格外用心的。最为常见的屋顶处理是四坡红瓦屋顶，有些则在坡顶的一周，由于观景需要及蓄水需要而加了周围的平屋顶。过去，岛上生活用水奇缺，一些屋顶上部的天台，常常四周埋设水管引至地下室的蓄水池，承接的雨水经过滤作为日常使用。正是鼓浪屿特殊的自然条件，促成了建筑第五立面的成熟的处理。屋顶的色彩与造型，丰富了鼓浪屿的山坡丘陵，这是补山做法之二。

在鼓浪屿的大自然中，渗透着建筑，同样，在建筑之中更渗透着自然。二者相互包容，相互依存，在很大程度上也依赖于建筑外廊的广泛使用。鼓浪屿建筑的外廊软化了建筑物的内外界面，使其具有灰空间的特性。外廊，把建筑与自然联系起来，使建筑中的"生气"与自然中的"生气"在廊中相互转换，相互渗透。外廊的运用，将人的生命与宇宙中的生气画上了等号。使流动着的生命元素——自然，融入了建筑的血脉之中。

同样，建筑内廊的运用，也是鼓浪屿大型住宅的特色。如鼓浪屿某宅，其外观体量庞

图8-5 鼓浪屿住宅错落的屋顶形式

大，由主楼和配楼组成，中间设置一座天井。从功能上来说，便于通风、散热，很适宜鼓浪屿的气候条件。同时，主楼主要供家人活动使用，配楼一般多为厨房、卫生间或雇工生活之用。这样，在功能上减少了相互干扰。中间连接主楼和配楼的天井，一般为露空的，四周是连续的回廊。如果遇到地势有高差的情况，一般在天井的连廊处设置踏步或楼梯。

遇山开山，遇海填海，这是人类的一种改造自然、征服自然的豪情壮举。补山藏海，则是因借自然、依据自然巧于利用的又一种手法。鼓浪屿的先民们，正是在青山秀水的浸润下，形成了自己对自然的独到见解。他们所创造的建筑与环境，体现了中国传统的"天人合一"的宇宙观，认识到了人与自然关系之真谛。

九、留给后人的珍贵财富

图9-1 某华侨公馆的外观门楼、内院。屋顶采用穹隆造型，增强了此公馆的个性和可识别性，是主人地位的炫耀。

在大自然伟力作用下诞生的鼓浪屿，经过了若干个世纪的人们在岛上的活动，沧海桑田，几经变迁。该区域独特的地理因素与生物圈，构建了它的地质动力。的确，鼓浪屿永远是飘逸的、流动的，仿如钢琴家指尖的音符。

对于鼓浪屿来说，传统意味着流动。无论是在历史上大量外国殖民者来此居住，还是当地居民出海谋生，抑或华侨家族和台胞亲属的往来穿梭。如果说，鼓浪屿留给我们什么的话，从物质层面看，环岛的无垠沙滩与海岸，突兀的岩石与山丘，异国风格纷呈的各类建筑，以及丰富的国际人群与全球网络。在非物质层面，鼓浪屿的琴声漂洋过海，海之韵与鼓浪屿之歌，一直伴随着世代人的记忆，飘荡在人们的脑海与心中。

它是基于动态相互作用的众多现象复杂的融合。基于密度的增加，社区邻里与居民间

图9-2 林氏公馆

为林鹤寿的公馆，又名"八卦楼"。系美籍荷兰人郁约翰设计，本地工匠建造。其体量庞大，豪华庄严，所用的砖、石、木材均选自台湾，耗资巨，历时久。原为厦门博物馆，现为鼓浪屿风琴博物馆，成为鼓浪屿的象征。

图9-3 华侨公馆
采用西式的建筑造型，
中式的庭园小品。

的连续合作，往往造成社会经济的改善。最近十几年来，人们生活水平不断提高发展，全岛的基础设施有所更新改善，在岛与离岛的生产与消费，主要依赖其"国家级风景旅游区"的名称资源。这一资源，不单是因为它有着秀美的自然山水风光和独特的人文景观，还因为它所独有的宾至如归的亲切感觉、环境象征与仪式，而这些都远远超出中国社会所能反射的城市景致。鼓浪屿因特殊的历史与自然环境所形成的独特社会关系，也是一笔丰厚的财富。正是自然与人文这两者共同的因素，构成了这座小岛的风情。

中外建筑文化的交融源远流长。中国的历史上，出现过若干次的中外文化与艺术的交流。作为历史的见证，至今在我国的很多城市和地区，还留有昔日的建筑遗痕，有些，则成了城市里的重要景观。鼓浪屿虽然仅为弹丸之地，然而确如麻雀一般，五脏俱全。岛屿在形态层面、人

图9-4 某别墅/上图

用本地产的暗底红色条纹砖及泉州白石
和青石建造的别墅。

图9-5 别墅的砖墙细部/下图

口层面、经济层面、社会文化层面、管理层面，以及规划等层面，有许多的维度足以令我们今天进行更为深入的探索和研究。

社会学者与地理学者经常对所选地进行彻底调查并经常将其归结为一个整体，但经常只见森林不见树木，忽略整体中的象征性维度及其相关解释。而另一方面，建筑学者与人类学者，对于符号与仪式等有所关注，然而却只关注细微的符号与仪式，只见树木不见森林。如何弥补学科间隙，成为当代城市人类学、特别是文化遗产领域的关注点。聚焦于所选地的文化维度、建立符号和仪式的分布及意义，以及与文化环境的关系。其中心内容，是研究社

鼓浪屿 留给后人的珍贵财富

筑境 中国精致建筑100

图9-6 某公馆
着重强调入口序列，以增强建筑的庄严感。

图9-7 公馆入口的细部/上图

精雕细刻，令人叫绝。

图9-8 用石材建造的学校/中图

图9-9 用石材精雕细刻的别墅入口/下图

会生产与再生产，以及象征和仪式的消费。仪式是意义建构框架内经常性的行为规范；而象征，相比标志而言，是一个意指其他别的什么的东西，其蕴含所承担的外在价值，特别是世间百态在城市空间中的分布以及对其现象的描述与分析，包括贯穿不同的现象而呈现与表达。例如，一地的布局、建筑、雕像、街道与地名、诗歌及礼仪、节日或节庆，当然也包含神话、小说、电影、音乐、歌曲、打击乐，以及网站，这些都可以称为符号承载体。

一个浑然一体的鼓浪屿，其中包括符号与仪式等在内的文化维度，很少也很难被确定为科学。无论旧时还是今天，它都是处在中西方文化艺术（包括建筑）交会的前沿。多少年来，一直饮誉海内外，备受世人的青睐。鼓浪屿的建筑，是受到古今中外建筑影响而形成的折中主义风格的建筑的代表。它既有古希腊、古罗马的山墙柱式，也有文艺复兴的立面檐口；既有西方建筑的堂皇威严，也有东方建筑的端庄秀美。这些建筑，带着昨日的辉煌，屹立在世人的面前。鼓浪屿不仅有建筑，还有诗、画、音乐。山川钟秀，人杰地灵。这人文荟萃的岛屿，正一天天展现它的魅力。而鼓浪屿的人文景观，包括断瓦残垣，尤其是它那些古老的、优美的建筑物，更是鼓浪屿的内在精神。这些不仅是鼓浪屿的文化遗产，也是中国的珍贵遗产，更是世界乃至全人类共同的遗产及智慧结晶。

图10-1 具有意大利文艺复兴风格的建筑——鹿礁路幼儿园立面图

　　"海上花园"鼓浪屿，有大量有形与无形的丰富的文化遗产有待发现。它是欧洲的建筑艺术与文化在亚洲的中国传统文脉环境中活的标本，也是可以与自16世纪开埠以来的澳门相媲美的如诗如画的生活栖居地。对于处在亚洲的鼓浪屿来说，葡萄牙、西班牙、荷兰、英国，以及之后的法国、丹麦、德国等国家，是将岛屿与欧洲以海洋和文化联结起来的桥梁；虽然这些欧洲国家对亚洲的其他地方殖民统治的时间更长，影响更为深刻。

　　显然，意大利对于亚洲以及中国的影响，并未以城堡或商业聚落的正式身份出现。然而，许多初到鼓浪屿的游客，会情不自禁发出仿如身在意大利小城之中的感叹！可见，在文化的无形氛围之中，意大利对于城市文化与建筑遗产的影响是多么的至关重要！

　　在那些欧洲国家纷纷发现"海外"奇珍世界的时代，意大利人却在默默地寻找着自身的曙光与内在的光芒！正是以那文艺复兴的新思想、新理念，而征服了整个欧洲乃至世界！其中的建筑灵感与理念，是受到地中海古典建筑遗产的深深的启发。以此方式，许多人将地中海阳光之下的古典之美传播到海外。在城市规划上、总体形式上、建筑立面上、门窗细部上，在"东方地中海"的倩影，都是它的投射所至。这些文艺复兴的符号象征，无疑应该都是在所谓的殖民时代完成的，如今在鼓浪屿的许多建筑物上依然清晰可见。

欧洲人对于远东的遥想，来自意大利旅行家马可·波罗笔下那如梦似幻的"Cathay"（古代中国的代称），一个现实与神话融为一体的国度。直到16世纪海上丝路贸易的发展以及葡萄牙人在澳门的落地生根，东西方的文化交流才沿着海岸线拉开并延展它的丝丝缕缕。16世纪末，随着在远东以罗马天主教传教士们的频繁传教，耶稣会所采用的特殊策略，最终消融了中国人由于长期以来的自我中心，或自大和自闭于西方世界的局面，原来东西方之间意识形态间的壁垒慢慢消融，明清两代，传教士们已经在朝廷中穿堂入室，参与朝政。这些精心培育和准备的罗马教廷的传教士们，或带来欧洲的宇宙天学、数学科学，或传授西方的艺术、宗教与文化，他们成为福音的传播者，从欧洲到中国，从中国到欧洲。传教士们回送欧洲的中国形象，是一个与西方文化完全可比的具有深厚文化和传统的国度；而他们带来的令中国人耳目一新的，是欧洲文化与科学的发展与进步。当宫廷中人或上层富裕人士，把玩着欧洲制造的器皿时，也许并未意识到，早在明末清初之交，基督教传教士们就已经润物细无声地将传教使命渗透到中国社会的宫廷上层，基于神学和道德的文化，以及与科学技术及艺术相结合的潜移默化，一些传教士（如最高级别的受洗天主教基督徒、明代末年的大臣徐光启）在中国人眼里，被看作是最早接受西方文明的学者。

在遥远的意大利，有一座"翡冷翠"花城——佛罗伦萨，她与鼓浪屿曾经如此相像。弯曲的街巷与不期然的如画景致，不知是不是东西方匠人们的心有灵犀，还是意大利文艺复兴建筑艺术的源远流长。

意大利文艺复兴时期，正是基督教与人文主义的融合时期。当时认识到古典传统文化艺术，既是历史的一个重要的纪元，也是文化持续性与创造性的跳板。历史古迹遗址，无论是已成废墟或依然健在，都因其固有的建筑质量与艺术视觉而无上荣光，并因其历史的和教育的价值而激起人们对其建筑与历史的兴趣。而18世纪欧洲的启蒙主义时代与理性主义时代，在科学上的进步更伴随着日益增长的对于古典希腊和古典罗马的兴趣。18世纪也因为那些描绘古典及中世纪遗迹及田园的浪漫绘画和雕刻而兴起了"风景如画"的建造活动。18世纪，出现了为保护古迹艺术而产生的监护制度。意大利许许多多的大型博物馆与艺术画廊，正是将所收藏的艺术品转变为文化和自然遗产的功能场所之所在。而许许多多的城市，都成了活生生的文化遗产，向整个世界开放，并主要通

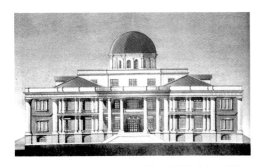

图10-2 原厦门博物馆（现为鼓浪屿风琴博物馆）立面图

过世界遗产公约而得以表达。翡冷翠，即我们熟知的作为历史城市而于1982年被列入世界文化与自然遗产名录的佛罗伦萨，她以第一朵报春花——花之圣母大教堂（百花大教堂），象征着欧洲文艺复兴的花之盛开。15—16世纪，美第奇时代，经济和文化空前发展，强大的家族因其对艺术的投资和推崇，对这座城市乃至整个意大利的文艺复兴运动，起到了推波助澜的作用，因而翡冷翠名副其实地成了文艺复兴繁花盛开的摇篮。

在其巷陌纵横间，遍布着许多的博物馆，美术馆，宫殿，教堂，府第与别墅建筑。在这花之故乡，同样孕育了一大批如达·芬奇、米开朗琪罗、拉斐尔、提香、但丁等著名艺术大师，他们都是诞生在这座美丽的花城。

世界各地对于原住民和历史之地，史前和历史遗址，文化资源及对文化资源的管理等的关注与重视，正日益增强。我们这个世界，可以两分法简要地分为自然的与文化的环境。自然资源即是涉及自然环境，伴随人们利用、改变的同时，也正日益重视并欣赏和享受。文化资源，是在自然世界中的人类相互作用或干预的结果。在最为宽泛的意义上，文化资源包含所有人性的表现：建筑，景观，文物，文学，语言，艺术，音乐，民俗及文化机构，这都是文化资源。文化资源常用在文化遗产的人文性的那些表现，在景观中物质地表现为场所。而文化资源管理，就是描述看护那些景观之中的文化资源的过程，在此解释为文化或遗产地。

遗产地在如下的文脉条件下存在：是物质景观的一部分，并且彼此联系十分紧密。这在绝大多数原住民的地方非常明显：贝丘因附近的海滩与礁石而存在；绘画或雕刻出现在适宜的石头表面上；人居之地更多地邻近水木丰盛之地。

十一、绿色的幽灵

　　虽然如中国所有其他地方的园林一样，鼓浪屿的园林有着极高的品位与情趣，但是人们对于这块土地上花草植物的认识是相当零碎的。绿草如茵，一直存在于地广人稀的国度，而中国，更多的是在方寸之地内栽植百花园与丘壑山水构成微缩自然。

　　中国的花草、植物、蔬菜、水果，甚至根茎、树皮、干果等等细节的描述，早在16世纪的最后几年里，就已经通过基督教传教士们的纪实，信息反馈于欧洲。由此，一个充满了取之不竭的香料、珍贵的药材，以及芬芳的植物丛林的对于东方的想象，流入了西方人的脑海中。

　　奇珍异果的存在，在传教士们的笔端，有时是以崇高的色调进行着描述：在那未曾开发的处女地，在那交通未达之肥沃的土地上，坐落着神奇的哺育着人类的伊甸园，人道人性皆由此出。

图11-1　东亚最早的殖民式外廊建筑
三叶形平面。坐落在岩石之顶，植物树木掩映中。外廊建筑表现出殖民者们对于东方园林植物的猎奇心态和对气候适应性的设计布局。

对于东方香格里拉——鼓浪屿的憧憬，将西方人的扩张殖民与贸易兴趣转向了植物引申而来的东方神奇的生命哲学。无论是沿着海路的西风东渐，还是从南方的珠江逆流北上，西方传教士所看到的与所描画的，是一派翠绿的田园风光。一望无际的水稻田，绿得如美丽的草坪。无数纵横交叉的水渠，将水田划分成一块块，水上大小帆影移动，却不见船下的流水，仿佛行驶在绿色的草坪上与花丛中。远处的山丘上树木郁郁葱葱，千姿百态的植物，竟惹得伊人百转千回。

如果我们分析一下当时西人对于东方植物的热衷，不外乎是对于生命的热爱：香料调节着饮食与胃口，而药用百花正是可以延年益寿的绝好药材。罗马天主教教皇格雷戈里十三世

图11-2 掩映在万木丛中的别墅
远处山脚下的外廊式建筑，反映出适应地势地形与当地气候条件所采用的建筑形式与造型。

111

（Gregory XIII）在1585年曾经有过几行关于中国植物群落的记载，其中提到许多水果、坚果、甜瓜、荔枝，植物专门提到中国独有的一种梅花。在药用植物中，他记载了一种多年生植物大黄。正是传教士们，教欧洲人懂得了中国的绿色植物群属。

而在香料中最受追捧的是胡椒。地中海的厨师们深知，胡椒不仅可以调味，是季节性的食物，除了是典型的罗马美食中的香料外，胡椒而且还具有药性，如入胃肠，可以消炎解毒，食补养生。正是生长于东方隐蔽的树林中的胡椒，掀起了西方海上强国向东航行的轩然大波。

第一位研究植物物种具有药用价值的西方人，是葡萄牙文艺复兴时期的医生与自然学家戈西亚（Garcia de Orta, 1501—1568年），出生在早期葡萄牙商人家庭。涉猎广泛，尤其对于医学、艺术与哲学表现浓厚的兴趣，并以医学为生且定居于前面提到的葡萄牙在印度的殖民地果阿。他也许并未读过黄帝内经，也未品尝过神农百草，如大多数西方人一样，他极为务实，并且带有利益的驱动：指定具有药性的植物产品，测试这些植物的疗效，从而证实其商业机会。并坦言到东方的最大愿望就是了解植物的医疗药性，也即是当时在葡萄牙被称为药店中的药品，以及所有在葡萄牙市场上流通的草药的产地与植物原生态，即是东方所有的花果与香料。要记下这些植物花果的名称，草药的产地，以及本地的东方医生是怎样使用这些药用百草的。由此，大黄的根、生姜、樟脑都被当作胡椒、檀香、豆蔻果实引起的饕餮食欲之后的解药出售。

十二、满园春色

四季，在鼓浪屿化作唯一的春季——整年都是绿树、鲜花、碧波荡漾出满园春色。由于自然气候与天然土质，这方水土哺育出各种各样的植物与花卉。优美的庭园树凤凰木，枝叶繁茂秀美，以殷红锦簇的花团，点缀着花园，更以饱满宽广的树冠，为夏日里的街道搭盖出一片荫凉。不同于来自南洋的木棉树木棉花，凤凰木树种原产地非洲，仿如葡萄牙船舰一般，漂洋过海从好望角来到厦门。

另一种移植而来的花卉是来自南美葡萄牙殖民地巴西的三角梅，横渡大洋，盛开于鼓浪屿。三角梅具有红、橙、黄、白、紫五种丰富的花色，单瓣花、重瓣花和斑叶共存，品种繁多。既可以盆栽，又可以庭植，随遇而安，生命柔韧而朴实。与三角梅为伴的，是那些在庭院中、在门廊处、在围墙根、在石缝内、在窗台上的群芳谱：蝴蝶花、马兰花、栀子花、扶

图12-1 四季如春的鼓浪屿日光岩脚下的外廊式建筑

图12-2 鼓浪屿鸟瞰

郁郁葱葱万木盛开的花朵如天边的云霞，又如
朵朵熊熊燃烧的焰火，春意盎然。秋天红花落
满地，为了彼此的相遇。

筑境　中国精致建筑100

图12-3 廊前堂后的植物花卉／上图

图12-4 门楼与庭院的植物花卉／下图

桑花，缠绕着藤蔓的百花，在婆娑摇曳的树影间，向阳光倾诉着丝路花语。

图12-5 日光岩下的植物花卉

　　每天最先沐浴阳光的是莲花庵，这座"日光岩寺"因坐落在鼓浪屿的最高峰日光岩上而得名。明代正德年间（1506—1521年）建寺，也正是西方世界地理大发现的航海时代，面对"全球化"的西风东渐，以陆九渊和王阳明发展出来的"陆王心学"，一方面主张"心即宇宙"以及"心即理"，断言天理、物理、人理皆在人心。正德是历史上多位君主的年号，而正德皇帝明武宗精通佛学与梵文。内忧与外患，天风与海涛，日光岩上极目远眺是无边的海洋，依山而建的莲花庵，因荷花的根茎多种植在池塘或河流底部的淤泥上，正释出了人们期待鼓浪屿出之淤泥而不染的心性。万历年间

图12-6 日光岩寺山门

图12-7 日光岩寺全景

（1573—1620年）再次修建，直至清同治年间，增建圆明殿、弥勒殿、八角亭。近代以来，接受海内外信众捐赠，翻修了大雄宝殿、新建了山门、钟鼓楼、平台、法堂、僧舍、膳堂。历代僧人络绎不绝于此，弘一法师李叔同曾在此闭关坐夏数月，写作佛学经典，以岩壁镌刻铭志。

　　日光岩寺的建造，正如一颗莲心，或一粒古榕树的种子，扎根繁衍于鼓浪屿，成就了绿岛。榕树下，是人们休憩的客厅。榕树有着千丝万缕垂直向下的干枝，称为气根。落地生根，正是描述榕树的气根习性。这些百年榕树与鼓浪屿同生同长，缠绕攀缘着岛上的各种建筑的角落与庭院的中央，守候着人生的沉浮与家族的兴衰，历尽生死轮回，回归泥土超越腐朽，生命却永不衰竭，百年后又会生出根枝、叶子及随风飘展的长须。

十三、借镜造景

晚明心学的盛行以及当地气候的温润，养成了当地隐逸参禅与趋俗闲散并存的人格心态，以致后来岛上所建的建筑色彩淡美与浓艳并存。在游人眼中的鼓浪屿：

> "须弥藏世界，大块得浮邱。岩际悬龙窟，寰中构蜃楼。野人惊问客，此地只怜鸥。归路应无路，十洲第几洲。"

这里曾经是一座悠闲而与世隔绝的虚静淡泊的小岛。20世纪30年代，文豪巴金曾经富有诗意地描绘他临海观望鹭江上的江风渔火："窗下展开一片黑暗的海水。水上闪动着灯光，飘荡着小船。头上是一片灿烂的明星，水是无边的，海也是。海是这样的大，天幕简直把我们包围在里面了……我一直昂起头看天空，星子是那样多，她们一明一亮，似乎在给我们说话。"巴金心神完全融入鼓浪屿如诗如画的意象情景中，描绘了一个南国的梦，伴着

图13-1 鼓浪屿的山岩余脉与沿鹭江的建筑

图13-2 鼓浪屿的山岩余脉缓缓延伸进鹭江之中

渔舟唱晚的回忆，完成了中篇小说《春天里的秋天》。他的笔触在人们的心灵中溅起了浪花，对于妖娆的鼓浪屿与妩媚的南国，充满了春天的遐想。

天空中，飞鸟以欢快的鸣叫，宣告其生存空间。白鹭的啼鸣，投射出海面上鹭岛的轮廓。动物们通过嗅觉和听觉，发展出了有限的疆界体系，而人类头脑中对于宇宙无极的渴望与探索，在历史上，自从人类在这个星球上出现以来，一直在为自己的空域、海域与疆域而界定、保卫，乃至牺牲。而一旦占领了疆域，常以文字、建筑与古迹遗址的形式庆贺文明的到来。在特殊的时代与特定的地域，人们建造仁者乐山、智者乐水的园林环境。在其中，有精心营造的溪流、树木、鲜花、场所、山岩等形式，是人们对于所在地自然生命的文明延展。

对于园林的营造，既有文明世界的普世意义，也因各地特殊气候与时代而彼此不同。表现在各自的建筑、设施、图景、气味和声音等方面的集合，适应在特定的地形地貌、水、植物、日照和气候等相互作用下的场所精神。在造园中，最先考虑的就是该地的场所精神，即试图了解特定地域提供了什么功能，什么是必要的、固定的或可移动的，要使该地更适合居住，需要哪些修改和保护。鼓浪屿的地域与场所精神，强烈、清晰、有声有色，因而几个世纪以来，人们一直将它营造为一个更适合该地场所精神的海上花园。然而，如何在本土环境中借镜异国元素营造另种园林风景，在有清一代的几百年历史中，表现得最为充分。

事实上，早期欧洲传教士们对于中国的造访，留下了许多科学、文化与艺术遗产。明清两代大多数的欧洲传教士多为欧洲天主教耶稣会会士（Society of Jesus, Rome, 1540—？）。比利时天主教耶稣会修士、神父南怀仁（Ferdinand Verbiest, 1623—1688年）、法国耶稣会士洪若翰（Jean de Fontaney, 1643—1710年）等传教士到中国传教，并以奎宁治好康熙的疟疾而受到皇帝赐房赐地的厚待。

当康熙皇帝赐予皇城内的房屋给法国传教士的那一刻起，就为异国元素融入本土环境首开了先河。伴随着皇家在土地、材料与资金方面的慷慨捐助，传教士们开始在异国土地上兴建起欧洲风格的建筑与园林，包括康熙时期教堂的兴建与改造，北京北堂附近皇家玻璃工房的兴建，以及最为著名的雍正时期圆明园中的各式西洋建筑西洋风景的营建。直到鸦片战争之前，这种西方文明的渗透，一直得到包括鼓浪屿在内的各地的回应。

对于某一处场所精神的人文营造，是来自当事人本身所具有的传统、文学与个人的记忆与联想。植物的气味与对植物的观赏，令人回想过去曾经的某个瞬间，同时也存储起来作为未来的回忆，或者将人们与诗情画意联系起来，这也正是海上花园鼓浪屿与其居者的世纪故事。

十四、顽石山房
与玉藻居士

图14-1 鼓浪屿山岩顶上的
建筑/上图
为三叶状外廊式别墅。

图14-2 鼓浪屿岛上的郑成
功纪念馆/下图

鼓　顽
　　石
浪　山
　　房
　　与
　　玉
屿　藻
　　居
　　士

筑境　中国精致建筑100

　　中国文人可以将石头完成其自然美学到社
会美学的转变，这似乎已经成为世界艺术史的
话题。栖息于自然环境中的石头，起到了作为
人与自然环境艺术沟通的媒介作用。对于石头
的消费，无论是将其作为实用还是将其作为陈列
之用，都是中国文人所发展出来的一种创意表现
行为，通过此行为而不断重新表达诸如品位、时

图14-3 鼓浪屿当地建筑师许春草故居

图14-4 鼓浪屿原日本领事馆（现为厦门大学退休教工宿舍，国家文物保护单位）

尚、身份和个性等个人或群体的历史价值观。通过这些器物作为媒介的沟通，以及这些器物本身，可以从根本上构建我们对世界的看法。

石头，作为园林设计、山水画以及各种装饰艺术中的元素，奇形怪状的石峰具有十分突出的意义，这在明清的艺术意象中几乎是无可匹敌的。如果说痴迷于石，表现出了中国精英文化的一个面向的话，那么，对于明清时期艺术家玩石的崇拜与模仿，一直伴随在鼓浪屿的文化传统中。

在鼓浪屿这座海上花园中，有许多自然天成的石头，其中有浪涛击鼓而得名的鼓浪石——这也是鼓浪屿因此得名的原因；具有色彩的日光石、观彩石；象形的弥勒石、鸡冠石、燕尾石、鸡母石、鹿耳石；更有幻化而成的剑石、枕流石、印斗石、覆鼎石等。有些气势雄浑，有些玲珑别透。

图14-5 鼓浪屿八卦楼

顽石山房与玉藻居士

箴境　中国精致建筑100

顽石山房是坐落于菽庄花园中的主人读书之地。表达了主人渴望以顽石般的精神在无涯的学海中，日益聪明颖悟。环绕着顽石山房，鲜花满径，迂回曲折，绿树成荫。因此，鼓浪屿堪称中国最美之奇石遍布的雅憩所在。

岛上有过民族英雄郑成功的足迹，有过弘一法师李叔同的足迹，有过华侨领袖陈嘉庚的足迹，有过文学巨匠巴金的足迹。林语堂在岛上度过了他滋润的童年与青年时代，撰写出他一生的生活艺术。在辞藻矫饰的世界里，保持住了生活的朴实真挚。

图14-6 鼓浪屿黄奕住别墅室内环境（后用作鼓浪屿宾馆）

十五、鼓浪屿申遗

图15-1 鼓浪屿岛上最为宏伟的建筑——八卦楼（局部）/上图
是鼓浪屿的标志性建筑，再利用为鼓浪屿风琴博物馆。

图15-2 鼓浪屿日光岩山脚下的西林别墅/下图
已成为到访日光岩的必经之处，再利用为郑成功纪念馆。

图15-3 鼓浪屿的西林别墅近景
原为越侨建造。宽敞的前外廊，很好地将建筑融入当地的气候环境与地理文脉中。

　　鼓浪屿丰富的物质与非物质文化遗产，促成了岛上许多的历史建筑再利用为博物馆。当下，作为主要话题的遗产及民间自然生成博物馆的实践，已经在公共领域构成无处不在的本地的社会、经济和文化生活，并且塑造了认同感的民族与全球观念。鼓浪屿已经被列入联合国教科文组织世界遗产预备名单中，它所在的殖民地或后殖民地亚洲环境中，与其他亚洲世界遗产相比，民族主义者使用历史遗产与发达国家信托基金方式承载遗产有所不同。鼓浪屿被重新赋予了新的认同感：首先，关于什么是世界主流的遗产，这常常以是否成为联合国教科文组织认定的世界遗产名录作为判定的依据；其次，当地日益认识到遗产及其相关的概念，对于遗产价值的评估，往往由政府评估。当地参与遗产或博物馆政策的制定而非被动的接受者。这种自上而下和自下而上力

图15-4 鼓浪屿的别墅
拾级而上直达前外廊，
使建筑与气候相适应。

量间的相互作用，构成了鼓浪屿必将成为在中国现代化与全球化中，一种流动性的世界遗产范例的产生，并且由此创造出鼓浪屿历史建筑再利用为博物馆，以及历史建筑本身即为一座开放性博物馆中的丰富展品的实验性场所。

鼓浪屿遗产的决策，是一个文化生产的过程。通过此过程，鼓浪屿的人们以及与其相关的那些海外亲属的生活世界更具有意义。在各种公共场合及遗产领域，那些遗产理论家们策略性地发出的遗产话语权，直至传输到鼓浪屿的当下，令本地人在其中找寻到了自己的立足位置。

图15-5 鼓浪屿保留的原居民传统的合院式住宅／上图

图15-6 鼓浪屿保留的原居民传统的合院式住宅入口门楼／下图

鼓浪屿遗产活动的受益人，以外人角度看，通过考察民族、种族和亚文化团体在鼓浪屿遗产制定行动和项目，旨在了解这些活动作为全球化中的一种现象，锁定因为人们的迁徙或边缘化而带来的身份认同与主体性，这些或许是由于社会、文化和政治生态意义而塑造。

此鼓浪屿案例提供了一种地方一级的实证研究与全球遗产话语之间建立一座桥梁。在中国的现代化和全球化的进程之中讨论遗产话题，我们力求调查全球的遗产政策与中国的实践之间的动态的沟通，而不是假定一种以欧洲为中心的遗产话语权的必然性操作体系。我们试图开拓国际制度与国家和地方的介绍。同时希望在日益变化的经济和文化价值的中国，解释、想象与实践遗产的紧张局势与机会检视。带着这些问题，我们将进一步探讨：诸如遗产、保护、博物馆或真实性，这些在欧洲出现的概念，是通过何种路径及以何种模式传输到中国的？这些观念和概念来到中国本土后，是如何产生交互作用的？这些观念和概念，是如何经过专业的翻译与解释，并被大众想象并实践的？全球遗产体系通过何种过程与实践投入

图15-7 传统合院式住宅门楼的木门样式

图15-8 入口门楼木构做法及细部节点/上图

图15-9 庭院中的建筑立面及地方传统红砖砌筑方式/下图

图15-10　建筑山墙及地方传统红砖砌筑方式

图15-11 屋檐下的构造细部节点样式之一/上图

图15-12 屋檐下的构造细部节点样式之二/中图

图15-13 鼓浪屿地方匠作——为适应气候环境
而设计的内天井、内廊式别墅/下图

各种运行，并且转化到国家与地方的各个层面的？国际专业团体，包括遗产专家和自然保护主义者，在塑造中国遗产从业者和管理者身份中扮演了什么样的角色？反之亦然。关于遗产保护国际层面（例如世界遗产）的文件和决定如何传到中国，而各级地方行动又是如何占用、洽谈、抵御或全部或部分地抵抗和忽略这些？在哪些方面，地方上的遗产决策者，争取到国家和国际的代理权，以满足其经济的和政治的议程？国际旅客和全球旅游经营者，想象和影响中国的遗产旅游，以及中国又是如何应对的？以及中国也许是越来越重视塑造全球遗产的政权？遗产话语的全球动力学有关的愈演愈烈的概念、对象、媒介和人的流动性。以跨学科的方法，深化遗产体系在文化和经济全球化时代的复杂画面的洞察力，通过这样一个调查命题：即文化是通过跨文化关系所形成的人类社会的属性，此命题将对于遗产政治、记忆、治理权力以及复杂的经常是矛盾冲突的权力与文化关系展开联想与讨论。

图15-14 外廊式公馆

大事年表

建造时期、年代	发展过程、事件	建筑名称
I：17世纪—1840年	1646年郑成功将鼓浪屿作水师基地；1820年后英国商人大量涌入厦门	日光岩寺；种德宫；黄氏宗祠；传统闽南大夫第；红砖四落大厝；郑成功相关历史遗存
II：1840—1860年	第一次鸦片战争 1840年厦门开埠	
1844年		英国领事官邸
1844年		英国伦敦差会住宅
1844年		廖宅
1845年		英商和记洋行
1846年		和记洋行仓库遗址，和记码头
1850年前后		西班牙领事馆
1850年		山雅各别墅
1850年		伦敦公会男校
1850年代		林语堂故居
1858年		西班牙天主堂
1859年		榕林别墅
1860年		法国领事馆
1860年		厦门海关税务司公馆
III：1860—1895年	第二次鸦片战争	
1863年		协和礼拜堂（原英国礼拜堂）
1864年		美国领事馆
1865年		厦门海关副税务司公馆
1867年		海关总巡公馆
1868年		厦门海关升旗站
1869年		大北电报局（兼丹麦领事馆）
1869年		英国领事馆
1869年		德国领事馆代办处
1870年		英国副领事公馆，厦门海关"帮办楼"

建造时期、年代	发展过程、事件	建筑名称
1873年		汇丰银行行长公馆，汇丰银行职员宿舍，林祖密故居，林氏府
1875年		日本领事馆（1896年翻建）
1876年		万国俱乐部
1877年		怀仁女子学校
1878年		英国汇丰银行厦门分行
1880年代		毓德女子学堂，田尾女学堂，德记洋行
1883年		厦门海关理船厅公所，灯塔管理员公寓司公馆，海关同仁俱乐部
1888年		缉私舰长住宅
1889年		养元小学
1890年		比利时领事馆
1894年		救世医院
IV：1895—1903年	1895年甲午战争日本占据台湾，大量台胞和华侨回到大陆	
1898年		救世医院及附属护士学校，英国英华中学；怀德幼稚园；吴添丁阁
V：1903—1927年	1903年，英，美，德，日等十国驻厦领事与清政府代表签订《厦门鼓浪屿公共地界章程》	
1903年		鼓浪屿工部局，洋员俱乐部
1905年		会审公堂，福音堂
1907年		厦门电话公司经营处
1908年		八卦楼，闽南圣教书局
1910年代		中国银行，美孚石油公司办公楼
1913年		菽庄花园
1917年		天主堂
1918年		日本博爱医院，观海别墅

建造时期、年代	发展过程、事件	建筑名称
1920年代		黄家花园，黄荣远堂，瞰青别墅
1921年		厦门电话股份公司，中南银行
1922年		厦门电话电报公司（附设海底电缆）
1926年		美国毓德女中
VI：1927—1941年	华人力量崛起，华商从事房地产经营，投资私家住宅和公共设施	
1927年		三丘田码头，黄仲训公馆，亦足山庄，船屋，时钟楼，仰高别墅，金瓜楼，美园，殷承宗旧居，西林别墅，东升拱照，番婆楼
1928年		日本领事馆扩建（增设警察署和宿舍），私立宏宁医院，延平公园，延平戏院
1930年代		杨家园，观彩楼，迎薰别墅，汝南别墅，李家庄，海天堂构
1933年		三一堂；春草堂；海关电讯发射塔
1934年		美国安献堂（美华学校），博爱医院
1935年		自来水公司
1936年		"三一堂"落成
1937年		荷兰领事馆
VII：1941—1945年	太平洋战争爆发，城市建设停滞	码头区临时建设大量难民营
VIII：1945—1949年	国民政府接管鼓浪屿，近现代建筑史结束，进入当代建筑发展阶段，保持原有城市格局功能分布	私有住宅少量增加

建造时期、年代	发展过程、事件	建筑名称
IX：1949—1980年代	1959年厦门市总体规划，将鼓浪屿定位为"风景疗养区"	岛屿部分扩建改造旅游与休闲设施：轮渡码头，三丘田旅游码头，毓园（林巧稚纪念园），菽庄花园，海滨浴场，黄家渡公园，等等
X：1980年代—2008年	1988年"鼓浪屿—万石山风景名胜区"列入第二批国家重点风景名胜区；1993年其总体规划完成，1995年得到批复，2003年修订，"著名的旅游风景名胜"	历史城区改造及旅游商业服务街区建设，独栋别墅区及低层住宅区建设，旅游与休闲设施建设，包括海底世界，皓月园，延平公园，等等
XI：2008年—	鼓浪屿列入世界遗产预备名单，即将于2016年竞争世界遗产地	岛上的大量历史遗产建筑转型发展

图书在版编目（CIP）数据

鼓浪屿／梅青撰文／摄影.—北京：中国建筑工业出版社，2013.10
（中国精致建筑100）
ISBN 978-7-112-15724-2

Ⅰ.①鼓… Ⅱ.①梅… Ⅲ.①建筑艺术–厦门市–图集 Ⅳ.① TU 881.2

中国版本图书馆CIP 数据核字（2013）第189461号

◎中国建筑工业出版社

本书得到作者主持的国家社会科学基金项目——"中国近现代城市建筑的嬗变与转型研究"的资助（项目代号：14BSH058）

责任编辑：董苏华 张惠珍 孙立波
技术编辑：李建云 赵子宽
图片编辑：张振光
美术编辑：赵 清 康 羽
书籍设计：瀚清堂·赵 清 周伟伟 康 羽
责任校对：张慧丽 陈晶晶 关 健
图文统筹：廖晓明 孙 梅 骆毓华
责任印制：郭希增 臧红心
材料统筹：方承艺

中国精致建筑100

鼓浪屿

梅 青 撰文/摄影

中国建筑工业出版社出版、发行（北京西郊百万庄）
各地新华书店、建筑书店经销
南京瀚清堂设计有限公司制版
北京顺诚彩色印刷有限公司印刷

开本：889×710 毫米 1/32 印张：$4\frac{1}{2}$ 插页：1 字数：184 千字
2015年9月第一版 2015年9月第一次印刷
定价：**76.00**元
ISBN 978-7-112-15724-2
（24316）